JN495621

군 간부가 습득해야 할

군대예절 및 제식

남기봉 · 정재극 · 신상우 저

도서출판 진영사

군 간부가 습득해야 할

군대예절 및 제식

남기봉, 정재극, 신상우 저

2020년 02월 12일 초판 인쇄

2020년 02월 14일 초판 발행

발행인 박 진 영

발행처 도서출판 진영사

인천광역시 부평구 갈산동 185번지 풍진빌딩 303호

전화 : 032)505-4207

팩스 : 032)505-4206

E-mail : 0183734207@hanmail.net

등록 : 122-91-77317

ISBN 978-89-6541-464-3 93390

값 12,000원

머 리 말

군 간부가 습득해야 할 **군대예절 및 제식**

군대는 국가로부터 합법적인 무력사용 권한을 위임받아 행사하는 국가안보의 군사적 책임기관이다. 국가가 위태로울 때 국가를 보위하고 국민의 생명과 재산을 보호하기 위한 막중한 사명을 수행하는 기관으로, 평시에는 적의 도발을 억제하여 전쟁을 예방하고, 유사시에는 목숨을 다해 전투임무를 수행하는 특수한 기관으로써, 부여된 임무 수행을 완수하기 위해 조직에 가장 우선시 요구는 것은 바로 군인기본자세 확립이다. 군인기본자세는 올바른 제식과 각종상황에 부합된 올바른 군대예질로부터 나온다고 힐 수 있으므로, 간부부터 명확하게 인식하고 행동으로 실천해야 한다.

예절은 예의범절의 약칭으로 '일상생활의 모든 예의와 절차'를 뜻한다. 여기서 예의는 '사람과 사람 사이에서 서로에게 함부로 잊지 않음'을 말하는 것이고, 범절은 '대체로 그러하다'는 뜻을 갖고 있으면서 세상을 살아가면서 때와 장소에 맞게 갖추고 행동함을 말하는 것이다. 군대는 계층과 연령이 서로 다른 사람들로 구성된 조직으로, 공동의 목표 아래 상호 협력하여 조직적으로 일하는 곳이다. 이러한 군대에서 예절이란 상관의 명령에는 절대 복종하며, 자발적으로 질서와 규율을 준수하고, 계급과 직책에 대한 존경심과 신뢰심을 증진할 수 있는 군인의 품위라고 말할 수 있겠다. 따라서 군대에서 예절은 반드시 지켜야 할 행동 규범으로, 지식으로 익히는 것이 아니라 예절이 몸에 배도록 반복적인 훈련이 필요하다.

그리고 제식이란 통일성과 위계질서를 요구하는 군인에게 가장 기본적으로 필요한 요소라고 볼 수 있으며, 제식훈련이란 지휘자의 명령으로 질서 있고 정확한 행동을 숙달하고 군인기본자세를 확립하는 훈련을 말한다. 제식훈련의 목적은 지휘자의 명령에 조건반사적인 명령 복종을 습성화 시키고 부대의 행동을 통일하며, 단결심과 협동심을 고양시켜 군인기본자세를 확립함으로써 궁극적으로 전투력을 향상시키는데 있다.

본서의 구성을 보면 「군대예절」은 용모, 언어, 자세, 경례, 상황별 예절, 업무수행간 예절 등으로 구분하여 기술하였고, 「제식」은 개인제식과 부대제식으로 구분하여 기술하였으며, 군인으로서 엄정한 자세를 확립하고 질서있는 행동과 협동정신 및 복종심을 배양하기 위한 지침을 제공할 수 있도록 야전부대 자료수집 및 내·외부 전문가 감수 등의 다양한 방법으로 의견을 수렴하여 발간하게 되었다.

그동안 본서의 출간을 위해 아낌없는 충고와 배려를 해주신 여러분들과 출판사 임직원들께 진심으로 감사드립니다.

2020년 양지골에서

목 차

군 간부가 습득해야 할 **군대예절 및 제식**

목 차

군 간부가 습득해야 할 **군대예절 및 제식**

제1편

군대예절

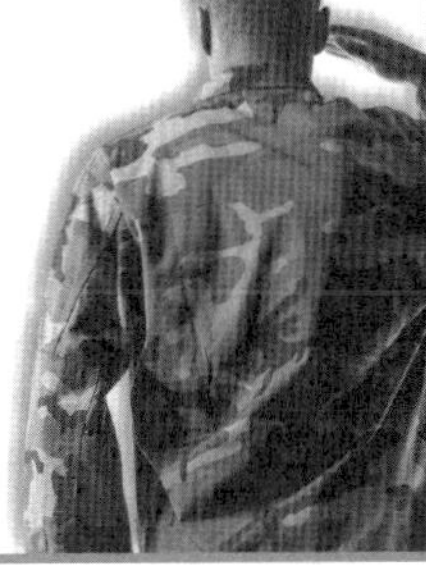

제1장 예절개념과 용모

제1절 예절 개념

예절이란 예의범절의 약칭으로 '일상생활의 모든 예의와 절차'를 뜻한다. 예의는 '사람과 사람들 사이에서 서로에게 함부로 잊지 않음'을 말하는 것이고, 범절은 '대체로 그러하다'는 뜻을 갖고 있으면서 세상을 살아가면서 때와 장소에 맞게 갖추고 행동함을 말하는 것이다. 상대방을 대접하기 위하여 마땅히 지켜야 할 언어·행동 상의 도리와 의식절차 간의 방법과 절차를 맞게 행동하는 것을 예절이라 할 수 있다.

군인에게서의 예절이란 명령과 복종, 사랑과 인격을 통해 규율을 준수하고 직분에 맞는 행동 및 품위를 유지하는 것으로, 군인으로서 예절의 기본요건은 단정한 용모, 품성과 규정된 복장착용, 바른 언어와 태도 등이며 군인은 항상 이를 준수해야 한다.

제2절 용 모

군인에게 있어서 용모의 단정함은 품성과 신뢰성을 평가하는데 큰 작용을 하게 되므로 항시 군인다운 용모를 갖추어야 한다. 따라서 군인은 타인에게 혐오감을 줄 수 있는 용모를 해서는 안 되며, 콧수염이나 턱수염을 기르거나 몸에 문신을 하는 행위, 염색(단, 흰머리 검은염색 가능), 귀고리를 착용하는 행위 등을 할 수 없다. 간부의 두발은 단정히 손질해야 하며, 여군은 화장을 청순하고 자연스럽게 하며 인조 속눈썹을 붙여서는 안 되고 매니큐어는 피부색에 가까운 색상으로 한다.

제2장 복 장

제1절 개 요

군인은 육군규정에 의거 군복을 착용해야 되며, 복장과 마음가짐을 단정히 하고 군인의 품위를 유지해야 한다. 모자와 외투는 실외에서 착용함을 원칙으로 하며 무장시나 근무시는 실내에서 착용할 수 있다. 그리고 사복은 출퇴근, 휴가, 외출, 외박시 착용할 수 있으며, 지휘관이 필요하다고 인정하는 경우에는 영내에서도 착용할 수 있다.

제2절 복장 착용방법

1. 전투복 착용방법

가. 기본복장 : 전투복, 전투화, 베레모

나. 착용순서 : 하의 ⇨ 상의 ⇨ 양말 ⇨ 전투화 ⇨ 베레모

다. 전투복 상의 지퍼는 항상 최상단 부위까지 잠금 실시

2. 전투화 착용방법

가. 전투화 끈을 아래 첫 번째 구멍에 양쪽으로 가로질러 빼내어 양쪽 끈이 동일한 길이가 되도록 조정한다.

나. 두 번째 구멍부터는 발 안쪽의 끈이 밑으로 가고, 바깥쪽 끈이 위로 가도록 해서 밑에서 위로 끼운다.

다. 끈의 양쪽 끝은 매듭을 지어서 빠지지 않도록 하고, 여분의 끈은 나비형 매듭으로 묶어서 바지 고무링 속에 넣는다.

3. 베레모 착용방법

가. 눈썹에서 약 1cm 상단에 수평을 유지하여 착용하고 계급장은 좌측눈썹 상단에 위치하도록 한다.

나. 머리 뒤쪽은 베레모 라인이 수평을 유지하도록 하고, 좌측 테두리 부분을 잡은 상태로 베레모 우측을 우측귀 방향으로 잡아당기면서 착용한다.

제3장 언 어

제1절 관등성명

1. 관등성명은 상급자가 호명, 질문, 악수 등 접촉시 최초 1회만 복창한다.
2. 분대장을 제외한 병 상호간 관등성명 복창은 금지한다.
3. 관등성명은 계급과 성명('상병 홍길동'), 혹은 직책('1소대 1분대장')으로 복창한다.
4. 관등성명 복창시 상대방이 알아들을 수 있는 크기의 목소리로 또박또박 하게 하되, 상급자와 시선을 마주 보면서 복창한다.

※ "관등성명"이란 군인이나 경찰, 관리들의 계급과 성, 이름을 아울러 이르는 말이다.

제2절 대화 요령

1. 상급자와 대화시에 자신보다 윗사람일 경우 대화자와 관계없이 높임말(경어)을 사용한다.
2. 이병이 중대장에게 말하는 상황을 가정하고 작성한 예시는 아래와 같다

서열에 따른 경어 사용 (잘못된 표현)		올바른 경어 사용 (괄호도 옳은 표현)
소대장은 휴가 갔습니다.	⬌	소대장님은 휴가 갔습니다. (가셨습니다)
김 일병이 알려주었습니다.	⬌	김 일병님이 알려주었습니다. (알려주셨습니다.)
소대장은 지금 자리에 없습니다.	⬌	소대장님은 지금 자리에 없습니다. (안계십니다.)
소대장이 왔습니다.	⬌	소대장님이 왔습니다.(오셨습니다.)
행정보급관이 작성했습니다.	⬌	행정보급관님이 작성했습니다. (작성하셨습니다.)

제3절 군대 용어

1. 호칭 및 병영생활 관련 은어

은어, 비속어	올바른 용어	은어, 비속어	올바른 용어
5대기	5분전투대기부대	군바리	군인
아저씨	전우님	피돌이	마트관리병
땅개	소총수	왕고	최선임
말년	전역임박자	말번	마지막근무자
깍새	이발병	총기다이	총기거치대
짬통	잔반통	짬처리	잔반처리
빡세다	힘들다	짬	군경력
갈구다	괴롭히다	화이바	방탄헬멧
짱보다	망보다	깔깔이	방상내피
탄창	탄알집	뚜껑	전투(베레)모
더블백	의류대	쌀자루	지휘관 휘장

2. 일본식 용어

일본식 용어	올바른 용어	일본식 용어	올바른 용어
작일	어제	금일	오늘
명일	내일	일조 / 일석	아침 / 저녁
다이	대, 받침	내역	명세
기합	얼차려	구보	뜀걸음
계원	담당병사	불출	내어 줌
하명	명령, 지시	식비	밥값
신원조회	신상조사	양식	서식
주기	표기	출두	출석
마후라	목도리, 소음기	막사	생활관
반도	밴드, 띠	빵카	진지, 벙커
식관	밥통	호로	덮개, 포장
가라	가짜	요대	허리띠
빠클	버클	귀관	자네
분빠이	분배, 나눔	쇼부	흥정

3. 새롭게 정립된 용어

잘못된 용어	올바른 용어	잘못된 용어	올바른 용어
내무생활	병영생활	내무반	생활관
게시판	알림판	구보	뜀걸음
보초	초병	사병	병사
일직사관	당직사관	군복 / 군화	전투복 / 전투화
근무자편성표	경계작전명령서	국기하기식	국기강하식

4. 잘못된 외래어 사용

'오'	'정'	'오'	'정'	'오'	'정'
워크샵	워크숍	데이터	데이터	플랭카드	플래카드
리더쉽	리더십	컨텐츠	콘텐츠	팜플렛	팸플릿

5. 상황과 어법에 맞는 종결어미 사용

잘못 된 종결어미 사용(잘못된 표현)		올바른 표현 (격식을 갖출 필요가 있는 공식적인 경우에 사용)		일반 사회에서의 표현
식사 맛있게 하시지 말입니다. 식사 맛있게 하십시다.	⬌	식사 맛있게 하십시오.	⬌	식사 맛있게 하세요.
안녕히 주무시지 말입니다. 안녕히 주무십시다.	⬌	안녕히 주무십시오.	⬌	안녕히 주무세요.
식사 하러 가시지 말입니다. 식사하러 가십시다.	⬌	식사하러 가시겠습니까?	⬌	식사하러 가실까요?
휴가 잘 다녀오시지 말입니다. 휴가 잘 다녀오십시다.	⬌	휴가 잘 다녀오십시오.	⬌	휴가 잘 다녀오세요.

제4장 자 세

모든 행동의 기본은 자세(몸가짐)이다. 서 있거나 보행시 또는 앉아 있거나 일할 때 항상 바르고 자연스러운 몸가짐을 가져야 한다.
단정한 자세는 예절의 기본요건 중의 하나이며 인품을 나타내는 첫째 조건이다.

제1절 표정 짓기

대인관계에 있어서 첫인상은 외모와 표정에서 좌우된다. 맑고 밝은 표정에 눈은 항상 안정되어야 하며, 입은 자연스럽게 다물어야 한다. 때와 장소에 따라 진지한 태도로 군인의 기풍을 나타내는 바람직한 표정을 가지도록 해야 한다.

제2절 선 자세

1. 사복 착용시

가. 허리와 가슴을 펴고 머리를 곧게 세워 늠름한 자세를 취해야 한다.
등을 곧게 펴고 머리에서 발끝까지 일직선이 되도록 해야 하며, 두 발꿈치는 붙이고 두 발의 각도는 45°가 되게 벌린다.

나. 입은 가볍게 다물고 양팔은 자연스럽게 옆으로 내리며 손가락은 붙여야 한다.

2. 군복 착용시

가. "차려자세" 및 "쉬어자세"를 적용한다.

제3절 앉은 자세

1. 의자에 앉을 때는 언제나 정좌하여야 하며 되도록 의자 깊숙이 앉아서 허리와 가슴을 펴야 한다. 의자 끝에 조금만 걸터 앉거나 다리를 꼬고 앉는 것은 삼간다. 여군의 경우 두 무릎을 가지런히 붙여 앉도록 한다.
2. 방바닥에 앉을 때는 먼저 왼발을 뒤로 조금 빼고 왼 무릎을 꿇으면서 조용히 앉는다.
3. 남성은 바르게 앉고, 여성이 바지나 치마를 입었을 때는 앉은 상태에서 두 무릎을 붙여 좌측발이 방바닥에 닿도록 가지런히 붙인다.

제4절 보행 자세

1. 군인은 씩씩하고 힘차게 걸어야 하며, 상관과 동행할 때에는 상관의 좌측, 수행할 때에는 좌측 1보 뒤, 안내할 때에는 우측 1보 앞에서 상관의 보조에 맞추어 걸어야 한다.
2. 2인 이상이 같이 보행할 때에는 대오 갖추고 보조를 맞추어 걸어야 한다.
3. 노인, 부녀자 및 연소자와 같이 걸어갈 경우에는 자신이 차도에서 가까운 위치 또는 위험한 위치에서 걸어야 한다.
4. 군복을 착용하고 보행할 때에는 담배를 피우거나, 음식을 먹거나, 껌을 씹거나, 침을 뱉거나, 모자를 벗거나, 주머니에 손을 넣어서는 안 된다.
5. 군복을 착용하고 우산을 받쳐 들었을 때에는 우산을 반듯하게 들어야하며 어깨에 기대어 놓지 않도록 한다.

제5장 경 례

제1절 경례 대상

대통령, 국무총리, 국방부장관 및 차관, 상급자인 국군(장교, 준사관, 부사관 및 병), 공식 방문 중인 국내의 귀빈으로서 군 예식령에 의한 의장례의 수례 자격을 가진 자, 상급자인 우방국의 장교, 기타 장관 과 육·해·공군 참모 총장이 특별히 지정한 자 등에게 경례를 해야 한다.

제2절 경례 구호

1. **육군의 기본 경례구호는 "충성"으로 사용하며 장관급 지휘관 재량에 의거 대체 사용할 수 있고, 개인경례 및 각종 신고 시 경례 구호를 사용하지 않는다. 다만, 경례구호 대신에 "안녕 하십니까?", "편히 쉬셨습니까?" 등의 간단한 인사말을 사용할 수 있다.**
2. **국기게양식, 이·취임식, 창설기념식, 임관식, 전역식, 의장행사, 전승행사, 대외기관 관련 기념행사 등 부대행사에서는 부대위용과 단결력을 현시할 수 있도록 경례구호를 사용하며 경례 구호 시 고함이나 악을 쓰지 않으면서, 자연스럽고 똑똑하게 발음한다.**
3. **그 밖에 장관급 지휘관이 전술상황, 행사성격 등을 고려하여 경례구호 사용 여부를 판단하여 시행한다. 장관급 지휘관 재량에 의거 대체 사용할 수 있고, 휴가·외출·외박·출장 등 영외에서 활동 시 생략할 수 있으나 구호 사용을 권장한다.**

제3절 경례형태 및 요령

1. 경례의 형태는 거수경례, 집총경례, 집도경례, 주목경례, 사복 착용시의 경례로 구분된다.
2. 경례는 하급자가 먼저 행하고 상급자가 이에 답례함으로써 이루어지며, 다만 동급자간 또는 계급의 식별이 곤란할 때에는 상호 경례를 한다.
3. 경례는 경례자를 명확히 인식할 수 있는 거리에서 행하고 이 때 수례자는 경례에 답례하여야 하며, 경례자는 수례자의 답례가 끝난 뒤 원자세로 돌아간다.
4. 경례는 실·내외, 착·탈모를 막론하고 거수경례를 실시하며 사복 착용 시에도 동일하다. 총기 휴대 시에는 해당 제식에 의한 경례를 실시한다.
5. 경례를 행할 때에는 서로 주목하여야 하며 정지중의 개인경례는 수례자를 향해 행하여야 한다.
6. 주택 내에서는 일반사회 예법을 따를 수 있다.

제4절 경례생략 및 목례

1. 경례를 생략할 수 있는 경우는 상급자와 대화 중 그보다 하위의 상급자를 만났을 때, 차량운전(오토바이, 자전거 포함)이나 단정조정 중일 때, 열중에 있거나 경기 중일 때, 입원중이거나 구금중일 때, 상관에게 보고중일 때, 전령 또는 특수한 임무를 띠고 뜀걸음 중일 때, 상급자가 죄수일 때, 전투·근무·작업·훈련 또는 임무수행 중 부득이한 경우 등이다.

2. 목 례

가. 두 손에 물건을 들고 있거나 기타 사정으로 경례하기 곤란한 자세에 있을 때 목례를 실시한다.

나. 도서실, 진료실, 식당, 매점, 화장실, 이발소, 세면장, 목욕탕, 극장, 기타 공공 집회 장소에서는 목례를 실시한다.

다. 목례자세는 상황에 따라 상이하나 보통 상체를 앞으로 30° 굽히며 시선은 자연스럽게 내려다본다.

라. 목례의 경우 경례구호를 생략한다.

마. 수례자가 앉아 있을 경우에는 목례가 가능하다.

제5절 개인 경례

1. 개인 경례는 실내 · 외 또는 착 · 탈모를 막론하고 거수경례를 하되, 무장시에는 해당 제식에 의한 경례를 한다. 다만 앉아서 경례를 받을 때 수례자는 고개만 숙여서 답례를 할 수 있다.

가. 실내는 건조물내의 사무실, 강당, 교실, 응접실, 생활관, 침실, 식당, 진료실, 면회실, 도서실, 오락실, 극장, 목욕탕, 화장실 등의 시설 내부와 천막 내로 한다.

나. 실외는 건조물의 외부, 건조물내의 작업장, 복도, 체육관, 함선의 갑판 및 각 격실, 항공기내, 기타 부대 훈련 또는 연습 등에 사용되는 유개시설을 실외로 한다.

2. 실내에서는 특별한 규정이 없는 한 상급자의 방에 출입할 때, 상관이 실내에 들어올 때, 상관으로부터 서류 등을 받거나 제출할 때, 상관에게 보고 등을 할 때의 전 · 후에 경례를 한다.

3. 상급자 방에 출입할 때의 경례

가. 상급자의 방에 출입할 경우는 무장하고 있을 때를 제외하고는 베레모(모자, 체육모)를 벗어 계급장(차양)을 앞으로 향하게 하여 왼쪽 옆구리에 끼고 문을 노크(knock)하여 허락을 얻은 후 실내에 들어서서 최상급자에게 먼저 경례를 하고 용무가 있는 상급자의 약 3보전에 정지하여 경례를 한 후 용무를 말한다.

나. 용무를 마치고 그 방을 떠날 때의 경례는 앞에 기술된 내용의 역순으로 한다.

다. 사무실 등에서 상급자와 늘 같이 근무하고 있는 자는 당일 처음 만난 때와 헤어질 때만 경례를 하고 그 외에는 경례를 생략할 수 있다.

4. 상관으로부터 서류 등을 받거나 제출할 때의 경례

가. 상관으로부터 서류 또는 물건을 받거나 제출할 때에는 3보전에서 경례 후 수령, 제출한 다음 뒷걸음으로 3보전 위치에 돌아가 다시 경례를 하고 물러간다.

나. 상장 등을 받을 때에는 그 수여자 앞에서 경례를 하고 두 손을 펴서 받은 후 상장 등을 왼쪽 옆구리에 끼고 다시 경례하고 물러간다. 다만 2인 이상이 동시에 받을 때에는 그 중 최상급자의 구령에 의한다.

다. 상관으로부터 명령, 지시를 받거나 보고 등을 할 때에는 약 3보 앞에 서서 경례를 하고 용무를 마친 후 다시 경례를 하고 물러간다.

5. 상관이 생활관, 휴식장소 방문시의 경례(청소, 기타 행동 시 포함)

가. 생활관 및 휴식장소에 들어오거나 청소, 작업시는 최고선임자 또는 먼저 발견한 자의 "쉬어" 구령으로 현재 자세에서 전원 쉬어자세를 취하고, 그 중 최상급자만 경례하며 "제○생활관 ○○중" 또는 "제○중대 청소 중"이라고 보고하며, 상관이 답례와 허락이 있을 경우 "편히쉬어" 또는 "행동개시"의 구령으로 원자세로 돌아간다.

나. 상관이 떠날 때에는 동일한 구령으로 하되 그 중 최선임자가 보고한다.

6. 상관이 사무실 등에 들어올 때의 경례

가. 직속상관이 사무실 등에 들어오거나 떠날 때에는 앞에서 기술한 바와 같이 경례하며, 다만 직속상관이 아닌 상관이 사무실 등에 들어오거나 떠날 때에는 그 상관의 용무와 관계있는 자만이 개인경례를 실시한다.

7. 2인 이상이 모여 있을 때의 경례

가. 실외에서 2인 이상이 모여 서서 있을 때에 상관을 만나면 제일 먼저 발견한 자의 "차

렷” 구령으로 전원이 차려자세를 취하고 선임자만 경례를 한다.

나. 실외에서 앉아 있을 경우에 상급자가 그 옆을 지나가거나 가까이 다가올 때에는 제일 먼저 발견한 자만 일어서서 차려자세를 취한 후 경례를 한다. 단, 상관이 방문하였을 때에는 ‘상관이 생활관, 휴식장소 방문시의 경례’의 경우와 동일한 요령으로 실시한다.

다. 2인 이상이 동시에 신고, 기타 용무로 상관 앞에 나갈 때에는 그 중 최상급자가 오른쪽에 위치하여 “경례”의 구령을 하고 전원이 경례를 한다.

라. 의식에 참가 중 또는 부대의 열중에서 쉬어자세에 있을 때에 상관이 앞으로 접근함을 발견한 자 또는 특별히 지목된 자는 개별적으로 차려자세만 취한다.

8. 보행중의 경례

가. 실외에서 보행중인 상급자를 만나거나 그 옆을 지날 때에는 약 6보 전에서 계속 보행 하면서 경례를 한다. 군용차량을 만났을 경우도 동일하며 승용차일 경우에도 예의를 표한다.

나. 실외에서 2인 이상이 모여 걸어가고 있을 때에 상급자를 만나면 우측 선두에 위치한 자가 경례한다. 인솔자가 있을 경우에는 인솔자가 경례한다. 보행 중 상급자를 앞질러 가야 할 경우에는 상급자의 좌측에 나가 경례하고 “실례합니다, 먼저 가겠습니다” 라고 양해를 구한 후 앞질러 가야 한다.

9. 뜀걸음중의 경례

가. 실외에서 뜀걸음 중에 상급자를 만나면 4인 이하인 경우 뜀걸음 상태에서 우측선두만 경례하며, 5인 이상인 경우는 인솔자만 뜀걸음 상태에서 경례를 한다.

10. 2인 이상의 상급자에 대한 경례

가. 실외에서 2인 이상의 상급자를 만난 때에는 그 중 최상급자에 대하여 경례를 하며, 답례는 최상급자가 한다.

11. 부대에 대한 경례 및 답례

가. 실외에서 상급자가 지휘하는 부대를 만난 때에는 그 부대의 장(지휘자)에게 경례를 하며, 부대로부터 경례를 받은 때에는 그 부대의 장(지휘자)에게 답례를 한다.

12. 승차 시 경례

가. 차량이 서로 교행시 경례 대상자가 승차하고 있는 경우에는 경례 대상자임을 인식할 수 있을 때에 선임 탑승자만 경례를 한다.

나. 차량의 뒷부분(적재함)에 탑승한 자가 뒤따라오는 차량에 경례 대상자가 탑승한 것이 확인되면 경례를 한다. 이 때 2인 이상이 탑승한 경우 맨 뒤쪽에 앉아 있는 자가 경례한다.

13. 승함 경례

가. 군함에 승함할 때에는 현문에서 먼저 예식갑판을 향하여 경례를 한 다음 당직사관에게 경례 또는 답례를 하며, 하함할 때에는 이의 역순으로 한다.

14. 장렬(葬例)에 대한 경례

가. 국장, 국민장 등 군인장렬을 만난 때에는 고인의 계급에 관계없이 정지하여 영구가 지날 때까지 경례한다.

나. 호송중의 영현에 대하여도 (가)항에 준한 경례를 한다. 다만 이 경우 운행 중인 차량은 정지하지 아니할 수 있다.

다. 실내에서 앞에 두 가지 경우에는 차려자세만을 취한다.

15. 사복 착용 시 경례

가. 군인이 사복을 착용하고 있을 때에도 상황에 따라 거수경례 또는 목례를 실시할 수 있으며, 국기나 국가 및 장렬에 대한 경례는 베레모(모자)를 오른손으로 벗어 왼쪽 가슴에 대거나 베레모(모자)가 없을 때에는 오른손을 왼쪽가슴에 대는 경례를 하며, 기타의 경우에는 일반사회 예법에 따를 수 있다. 또한 군에 근무하는 예비역 장교와 군무원의 의식 시 또는 현역과의 개인 상호간의 경례 시는 거수경례를 할 수 있다.

제6절 부대 경례

1. 부대는 국가 또는 국기 및 그 지휘자가 경례해야 할 상관에 대하여 부대 경례를 행한다.

2. 부대 경례의 단위는 참모총장이 따로 정한 경우를 제외하고는 다음과 같이 행한다.

가. 분대, 소대 또는 중대(이에 준하는 부대를 포함) 단위로 독립하여 정지 또는 행진중일 때에는 그 단위부대별로 행한다.

나. 대대 또는 대대 이상의 부대가 정지중일 때는 대대단위로, 행진중일 때는 중대단위로 행한다. 다만 시간 또는 장소 관계로 부득이한 때에는 중대, 소대 및 이에 준하는 부대단위로 행할 수 있다.

3. 직속상관에 대한 부대 경례는 집총경례의 경우를 제외하고는 다음과 같이 행한다.

가. 부대가 정지하고 있을 경우에는 지휘자의 “차렷” 구령으로 대열을 정돈하고 지휘자만 경례를 한다. 그러나 승차중인 부대에 있어서는 하차함이 없이 섰거나 앉은 채로 지휘자의 “차렷” 구령으로 자세를 바르게 한 후 지휘자만 경례한다.

나. 부대가 행진하고 있는 경우에는 지휘자의 “바른 걸음으로 가”의 구령으로 대열을 정돈하고 지휘자만 경례를 한다.

다. 직속상관이 승차하여 지나갈 경우 행진중인 부대의 경례는 그 부대 지휘자의 경례로 부대경례를 대신한다.

4. 기타 상관에 대한 부대 경례는 부대 정지나 행진 중을 막론하고 지휘자만 실시한다.

5. 부대가 야외에서 훈련 및 연습중일 때에는 부득이한 경우를 제외하고는 통제관 또는 지휘자만 경례를 하며 직속상관에 대해서는 그 상황을 간략히 보고한다.

6. 부대가 교실 및 훈련장 등에서 수업 시에 상관이 들어오면 별도로 경례하지 않는다.

7. 부대가 행군 중에 휴식하고 있을 때에는 상관을 먼저 발견한 자의 "쉬어" 구령에 현 자세에서 움직이지 않는다. 이때 지휘자만 경례하고 상황보고를 한다.

8. 의장대 및 군악대 경례

가. 의장대는 대장의 구령에 의해 경례곡 연주 시에는 집총경례를, 열병 및 분열 시에는 주목경례를 한다.

나. 군악대는 열병 시나 분열 시에 있어서는 대장만이 거수경례를 한다. 다만, 연주를 지휘 중에 있을 때는 경례를 생략할 수 있다.

제7절 위병의 경례

1. 위병은 아래에 해당하는 자가 위병소 영내를 출입할 때에는 먼저 발견한 자의 "차렷" 구령으로 그 위병소 내의 전원이 기립하고 그 중 최상급자만이 경례를 한다.

◆ 직속상관	◆ 무장부대를 지휘하는 장교
◆ 장성급 장교	◆ 영 현
◆ 주둔지두 사령관	◆ 기타 당해 부대장이 지정하는 자
◆ 당직사령(사관)	

2. 초병의 경례

가. 경계작전 시 소총파지의 기본동작은 비껴걸어 허리총이고, 상황에 따라 총기를 다르게 휴대할 수 있다.

나. 경례 요령은 총기휴대 제식의 개인 화기별 "총기휴대 시 경례" 기준을 적용한다.

다. 진중근무식인 경우 전술적 상황에서는 경례구호를 하지 않는다. 단, 위병소 초병이 내무위병 시 근무를 할 때와 병영생활 중 불침번 근무자는 근무 중 지휘관 이상 직속상관(야간 당직사령/당직사관)에게 경례 후 근무 간 특이사항을 보고할 수 있다.

제8절 각종 기(旗) 경례

1. 군기의 경례

가. 군기는 모든 의식행사에 있어서 국가 또는 국기에 대하여 경례를 하며, 이 경우 외에는 소속 부대의 장과 그의 상급자에 대해서만 경례를 한다. 또한 부대 상호간의 경례를 할 때는 군기는 지휘관과 동시에 경례 또는 답례를 한다.

나. 군기는 의식행사 시작 전 지휘자의 "부대 차렷" 구령과 동시에 '들어기'를 실시하며, 행사 종료 후 지휘자의 구령으로 '세워기'를 실시한다.

2. 표지기의 경례

가. 대통령기, 장관기 및 장성기 등은 대통령, 장관 및 당해 장성이 경례할 때 동시에 경례를 하며, 답례 시에는 하지 않는다.

나. 장성 표지기는 행사장에 해당직위의 장관급 장교가 도착시 '들어기'를 실시하며, 행사장을 떠났을 때 '세워기'를 실시한다.

제6장 상황별 예절

제1절 공공장소에서의 예절

1. 식당에서의 예절

가. 간부식당에서 식사 중에 직속상관이 들어오면 일어서지 않고 식사를 멈추고 예의를 표한 후 식사를 계속한다. 식당에 들어오고 나갈 때에는 상관에게 목례로써 예의를 표한다. 이때 과도하게 허리를 굽히지 말아야 하며 보통 목례를 한다.

나. 병영식당에서 식사 중 상관이 들어오면 처음 발견한 자가 "쉬어" 구령을 하고 경례는 최상급자가 한다. 단, 직속상관일 때는 경례 후 현재 진행 중인 사항은 "제○○소대 식사중"과 같이 보고하며, 상급자의 지시에 의거 "식사시작" 구령으로 다시 식사를 한다.

2. 면회장에서의 예절

가. 면회 중 상관이 들어오면 정중히 일어서서 상황에 따라 거수 경례 또는 목례로써 예의를 표하고 다시 앉아서 면회를 계속한다.

3. 휴게실(매점)에서의 예절

가. 휴게실에서는 조용히 휴식을 취해야 하며 출입 시에는 정숙과 질서를 지켜야 한다.

나. 휴게실에 상관이 들어오면 먼저 본 자가 "쉬어" 구령으로 여러 사람에게 알리고 선임자가 경례를 하며 직속상관인 경우 "휴식중"이라고 보고한다.

4. 차실에서의 예절

가. 차실은 여러계층의 사람이 모이는 곳이므로 언행에 특히 조심해야 한다.

나. 차실에 앉아서 옆 사람의 대화를 엿듣거나 여기저기 둘러보는 것은 좋지 않다. 동행자와 대화 시는 상대방에게 들릴 정도의 작은소리로 함이 좋다

다. 차 마실 때 홀짝이는 소리를 내거나 큰소리로 종업원을 부른다든가 혹은 차를 독촉하는 것은 삼가야 한다.

라. 또한 차실에서 상관을 만나면 거수경례 또는 상황에 따라 목례로써 예의를 표하는데 거수경례 시 구호는 생략 가능하다.

5. 이발소에서의 예절

가. 이발소에서는 상황에 따라 거수경례 또는 목례로써 인사를 하고 이발순서가 되면 상급자가 먼저 이발할 것을 권하는 것이 좋다. 상급자가 사양하면 자신의 순서대로 이발을 한다.

나. 끝마치고 나올 때는 상급자에게 "먼저 실례합니다"라고 예의를 표하고 나온다.

6. 목욕탕에서의 예절

가. 탈의장에서 옷은 단정하게 차근차근 개어서 넣어둔다. 탕에 들어가거나 나올 때에는 국부를 수건으로 가리고 행동하는 것이 좋다.

나. 목욕탕에서는 상관에게 목례로써 예의를 표하며 욕탕 안에 들어가기 전에는 반드시 샤워를 해야 한다.

다. 목욕탕 용품(물바가지, 깔판)을 독점해서는 안 되며 특히 냉수를 쓸 때 옆 사람에게 물을 튀기는 행위, 탕 속에서 때를 밀거나 침을 뱉는 행위, 세탁을 하는 행위 등은 삼가야 하며 방뇨를 하거나 큰소리로 떠들어서도 안 된다.

7. 화장실에서의 예절

가. 화장실 사용 시는 항상 노크를 하여 응답이 없을 경우에 문을 열어야 하고, 공중도덕을 지켜서 항상 청결을 유지하도록 깨끗하게 사용하여야 하며 화장실에 출입시 상급

자를 만나면 용변을 마친 후 거수경례를 하거나, 목례로써 예의를 표해야 한다.
나. 하의 지퍼는 소변기 앞에서 풀고 잠그며 침이나 오물을 버려서도 안 된다.

제2절 악수시의 예절

1. 악수는 상급자나 선임자나 여성이 먼저 청할 때에 한하여 행한다.
2. 손은 약간 힘을 주어 가볍게 잡고 상대의 눈을 마주보며 자연스럽게 교환하여야 하며, 절도 있는 목소리로 관등성명이나 “감사합니다!” 등의 인사말을 한다.
3. 손을 너무 흔들거나 두 손으로 움켜쥐는 것은 실례이며 상체를 구부리지 않도록 주의한다.
4. 악수 방법은 아래와 같다.

(가) 오른손을 곧게 펴고 손가락을 모두 모아 몸 중앙 앞으로 내밀며, 팔에 힘을 빼고 상대의 손을 가볍게 쥐어야 한다.
(나) 시선은 상대의 눈을 주목하며, 몸은 차려 자세를 취하고, 일어서서 오른손으로 행한다.
(다) 악수를 할 때 기본적으로 장갑을 벗는 것이 예의이나, 여군의 경우는 벗지 않아도 된다.
(라) 오른손에 가방을 들고 있다면 악수에 대비해서 미리 왼손으로 바꿔든다.

제3절 흡연시 예절

1. 담배를 입에 물고 이야기해서는 안 된다.
2. 상대방의 안면으로 연기를 뿜어서는 안 된다.
3. 상관과 동석시 금연이 원칙이나 상관이 담배를 권할 때는 피울 수 있다.
4. 상관 또는 연장자가 불을 요구할 때는 라이터나 성냥을 켜 주어야 하며, 자기의 담뱃불을 주는 것은 실례이다.

5. 여성이나 비흡연자와 같이 있을 때는 양해를 구하고 피운다.

6. 보행 중 담배를 피워서는 안 되며, 담뱃재를 실내 아무 곳에 털거나 꽁초를 함부로 버려서는 안 된다.

7. 금연할 경우

(가) 종교 시설 내, 선임자와 공적인 담화 중, 인사 및 악수 시, 식사 중일 때, 비행기 이·착륙 시
(나) 법정, 극장, 박물관, 도서실, 버스·전철 내, 교육장, 유류고
(다) 기타 금연 표지가 부착된 장소 또는 지정되지 않은 모든 장소
(라) 전자담배도 동일하게 적용한다.

제4절 음주시 예절

1. 술은 상급자나 주인, 손윗사람이 권할 경우에 마신다.

2. 윗사람에게 술을 따를 때는 술병 또는 주전자를 오른손으로 잡고 두 손으로 공손히 따라야 한다.

3. 윗사람이 자기에게 술을 따를 때는 술잔을 두 손으로 잡고 앞으로 내밀어 공손히 받아야 한다.

4. 술잔을 받았을 때는 바로 놓지 말고, 일단 약간 마신 다음 술잔을 놓아야 한다.

5. 자기의 주량을 초과해서 술을 마시거나 추태를 보여서는 안 된다.

6. 음주 중 자리를 이탈할 때는 상급자 또는 주최자에게 양해를 구해야 한다.

7. 노래나 탈의는 상급자가 권했을 때 해야 한다.

8. 술이 약하거나 싫어하는 사람에게 음주를 강요해서는 안 된다.

9. 과음은 결과적으로 품위를 손상시키고 사고의 원인이 되므로 술은 가급적 절제하는 것이 좋다.

① 우리나라의 음주예절은 웃어른에게 먼저 잔을 올리는 헌주(獻酒) 문화이다.
② 웃어른에게 술잔을 올릴 때는 바른 자세를 취하고 "제가 한 잔 올리고 싶습니다."라는 말과 함께 오른손으로 잔을 권한다
③ 술병을 따를 때는 술병의 상표 부분을 오른손으로 감듯이 쥐고 왼손 바닥으로 오른 손목을 받친 후 술잔의 80% 정도가 되게 따른다.
④ 주전자의 술을 따를 때는 오른손으로 주전자를 쥐고 왼손으로는 뚜껑을 누르며 따른다.
⑤ 술을 따를 때는 직위 순, 연장자 순서로 따른다.
⑥ 자기보다 직급이 낮아도 연장자인 경우는 서로 두 손으로 따르고 받는다.
⑦ 자리가 떨어져 있는 경우에 술을 권할 때는 직접 가서 권하는 것이 예의이다.
⑧ 술을 권할 때는 상대의 왼쪽에서 권하는 것이 상대에 대한 배려이다

제7장 업무수행간 예절

제1절 지시 및 보고, 결재시 예절

1. 상급자의 예절

가. 업무에 대한 전문적인 지식을 갖추어 하급자가 스스로 믿고 따르고 존경할 수 있는 상급자로서의 통솔자세를 갖추어야 한다.

나. 계급에 의한 부당한 지시나 사적인 지시를 해서는 안 된다.

다. 억압적이고 질책성의 말투와 비하(卑下)하는 언행으로 하급자의 인격을 모독하여서는 안 된다.

라. 하급자의 말을 끝까지 경청하고, 지시는 간단명료하게 꼭 필요한 사항 위주로 한다.

2. 하급자의 예절

가. 지시를 받을 때에는 끝까지 경청하고 반드시 메모하며, 지시사항에 대하여 확인 및 복창한다.

나. 지시사항에 대한 조치 내용을 시기적절하게 보고(최초, 중간, 최종보고)하여야 한다.

다. 지시사항에 대하여 다른 의견이 있을 때에는 공손한 태도로 보고하고, 필요시에는 근거자료를 구비하여 재건의 한다.

라. 지시사항이 타인의 임무에 속하는 경우 또는 다른 명령으로 인하여 실행 시간이 부족할 때는 책임회피의 인상을 주지 않도록 주의하여 상황을 설명하고 재지시를 받는다.

마. 상급자의 칭찬 시 "감사합니다", "고맙습니다" 등의 답례를 한다.

3. 결재 시 예절

가. 결재 전 아래 사항을 확인한다.

(1) 비서실(행정실)에 결재시간 확인
(2) 결재문서의 오·탈자 여부, 예상질문 답변 자료, 타 참모와 협조내용 등을 확인 및 검토
(3) 복장과 용모를 단정히 하고, 담배, 입냄새 등을 제거한 후 수첩, 필기구, 관련 자료를 휴대한다.

나. 결재를 위해 상급자의 사무실을 출입시에는 가볍게 2~3회 노크하고 출입문을 조용하게 개·폐한 후 결재권자에게 거수경례를 하고 용건을 보고한다.

다. 결재시에는 결재판을 결재권자 책상 중앙상단에 위치하고 지시봉(포인터)을 사용하여 간략하고 조리 있게 핵심적인 사항을 설명하고, 질문사항에 대해서는 정직하게 대답하여야 한다.

라. 결재 시 지시사항에 대해서는 필요시 기록하고 내용이 이해가 안 되면 질문을 한다. 결재 후에는 지시사항을 복명하고, "돌아가겠습니다"라고 말하고 경례 후 퇴실한다.

제2절 회의시 예절

상관이 주관하는 회의 및 집합시에는 실내·외를 막론하고 선임자 또는 회의를 주최하는 대표자가 시작과 끝을 "부대차렷, 충성, ○○ 회의 준비 끝, …쉬어 / 부대차려, 충성, ○○ 회의 끝"이라고 보고를 한다.

1. 상급자는 자신의 의견을 강요하는 어투로 회의 분위기를 이끌어서는 안 된다.
2. 회의에 참가하여 의견을 발표할 때는 간단명료하게 하고, 시선은 참석자 한 사람 한 사람을 향하도록 한다.
3. 발표할 때에는 가급적 자신의 뒷모습이 참석자들에게 보이지 않도록 한다.
4. 발표를 하면서 뒷짐을 지거나, 머리를 긁적이는 등 불필요한 동작을 하지 않는다.

① 회의 참석 대상자라면 반드시 참석하여 성공적인 회의가 되도록 해야 한다.
② 다른 사람의 의견을 끝까지 경청하고 나름대로 분석하거나 소화하려는 노력이 필요하다.
③ 다른 사람이 의견을 발표할 때 옆 사람과 이야기를 한다든지 분위기를 깨뜨리는 언동은 삼가야 한다.
④ 자신의 의견을 말할 때는 사회자나 주관자에게 허락을 받아야 한다.
⑤ 아무리 좋은 발언이라 하더라도 남의 발언을 끊고 함부로 일어나서 발언하지 않는다.
⑥ 책임감 없는 발언을 하거나 자신만의 의견을 고집하지 않는다.
⑦ 회의 중에는 사담을 피한다.
⑧ 자신과 다른 의견이라도 존중해야 한다.

제3절 사무실 예절

1. 출 근

가. 하급자는 일과시작과 동시에 업무가 수행될 수 있도록 일과시작 시간보다 조금 일찍 출근하여 업무 준비를 한다.

나. 상급자는 지나치게 일찍 출근하여 하급자에게 조기 출근을 강요하여서 는 안 된다.

2. 근 무

가. 자리에 앉을 때에는 의자를 당겨 앉고, 자리에서 일어설 경우는 의자를 책상 밑에 넣는 것이 좋다.

나. 남의 자리에 앉아 업무 외적인 잡담을 하지 않으며 업무 중인 사람에게 용무를 볼 때 조용히 옆에 가서 먼저 양해를 구한다.

3. 퇴 근

가. 상급자는 하급자의 정상퇴근을 보장하여야 한다.

나. 상급자가 개인 사유로 늦게 퇴근할 경우 하급자의 동반 지연 퇴근이 되지 않도록 하여야 한다.

제4절 전화 예절

1. 전화를 걸 때

가. 상대방의 음성이 들리면 자신의 신원을 밝힌다. 비록 상대방이 하급자 일지라도 언짢을 정도의 반말을 해서는 안 된다.

나. 장시간 대화를 나누고자 할 때에는 “좀 시간이 걸려도 되겠습니까?”라고 사전에 물어보아야 한다. 식사중인지 외출할 시간인지를 문의하여 양해를 얻은 후에 대화를 나눈다.

다. 전화가 잘못 걸렸을 때는 미안한 생각에 아무런 말없이 전화를 끊는 경우가 있는데 이것은 큰 실례이다. 이런 때에는 반드시 “전화를 잘못 걸었습니다, 지송합니다.”라고 사과를 해야 한다.

라. 통화 중 담배를 입에 물고 있거나 껌을 씹어서는 안 된다.

2. 전화를 받을 때

가. 전화벨이 울리면 가급적 신속하게 받아야 한다. 타인과 대화중일지라도 “잠깐 실례하겠습니다.” 라고 말하고 전화를 받아야 한다.

나. 수화기를 들면 소속, 관등성명을 상대방에게 밝혀야 한다.

다. 용건이 모두 끝났을 때 하급자가 상급자보다 먼저 전화를 끊지 않는다.

라. “기다리세요”, “모릅니다”, “할 수 없습니다”, “뭐라구요?” 등의 표현은 상대방이 불쾌하게 느낄 수 있으므로 어투에 조심해야 한다.

3. 전화를 연결할 때

가. 전화를 연결할 때 송화구(送話口)를 손으로 막은 다음 연결한다.

나. 전화 받을 사람이 즉시 전화를 받을 수 없을 때는 출타 중, 통화 중, 회의 중 등 상대방에게 상황을 알려 주어 기다리게 하거나, 다시 전화 하게 한다. 이때 “실례지만 들어오시면 누구시라고 전해 드릴까요?” 라고 물은 후 필요한 연락처를 메모하여 해당자에게 전한다.

4. 전화를 끊을 때

가. 주요 내용을 정리 및 확인한다.

나. 더 필요한 사항이 있는지 확인하고 인사를 건넨다.

다. 상대방이 전화를 끊었는지 확인하고 수화기를 살짝 내려놓는다.

5. 휴대전화 사용

가. 공공장소에서는 휴대전화 전원을 끄거나, 매너모드(진동)로 전환하여 이용해야 한다.

나. 병원이나 항공기 등에서는 휴대전화를 사용하지 않는다.

다. 벨소리나 대화소리가 너무 커서 주위 사람에게 불쾌감을 주지 않도록 한다.

라. 운전할 때에는 안전운행을 위해 휴대전화를 사용하지 않는다.

① 군사 자료(軍 관련 내용) / 시설 저장 · 촬영 · 녹음 · 전송 금지
② 의심스러운 문자 · 메일 · 앱 열람 및 다운로드 금지(삭제)
③ 군사통제구역 / 비밀회의시 반입 금지
④ 업무 관련 토의 / 회의 참석시 휴대폰 휴대 금지
⑤ 비밀취급/ 작업시 사무실 스마트폰 회수, 배터리 분리 통합/ 보관
⑥ 軍 정보체계(국방망, 인터넷망, 전술 / 전장망 등)에 연결 금지
⑦ 軍 업무목적으로 「SNS」 사용 금지
⑧ 부대內 사용 시 Wi-Fi · 블루투스 등 무선기능 OFF 조치
⑨ 악성 '앱 · 코드' 검사도구(폰키퍼) 설치, 주 1회 이상 검사 실시
⑩ 외래인 사무실 방문 시 회수 / 보관 조치

제5절 컴퓨터(PC) 통신 예절

1. 게시판 예절

가. 개인의 인격이나 명예에 관한 내용을 게시판에 올려서는 안 된다.

나. 게시판의 글은 짧고 명확하게 쓴다.

다. 장난, 농담 등 흥미 위주의 게시물은 삼간다.

라. 게시물의 내용을 잘 설명할 수 있는 제목을 붙인다.

마. 사실과 다른 내용은 올리지 않는다.

바. 다른 사람의 글에 대한 개인감정을 지나치게 표현하지 않는다.

2. 전자우편(E-mail 예절)

가. 자신의 개성을 지나치게 돋보이려 하지 말고 상대방과 잘 어울리도록 한다.

나. 한 번 전송한 편지는 다시 고칠 수 없으므로 작성한 편지는 신중하게 검토한 후에 발송한다.

다. 자신의 신분을 미리 밝히고 편지를 보낸다.

라. 상대방을 이해하는 입장에서 따듯한 마음으로 편지를 쓴다.

마. 익명성을 이용해 인신공격을 하거나, 타인의 명의로 욕설이나 음담패설이 적힌 편지를 발송해서는 안 된다.

3. 대화시 예절

가. 입장 또는 퇴실할 때 서로에게 인사를 나눈다.

나. 대화에서는 누구에게나 "님"자를 붙이고 존칭을 사용한다.

다. 진행 중인 대화의 분위기를 파악한 후 참여한다.

라. 다른 사람이 새로 참여할 때에는 "어서 오십시오."라는 환영의 인사를 하여 좋은 대화분위기를 마련한다.

마. 대화실에서 빠져나갈 때에는 양해를 구하고 나간다.

바. 초대할 때에는 각 개인의 바쁜 업무를 방해하지 않도록 한두 번 정도만 부르고 기다리는 것이 바람직하다.

사. 초대를 받았는데 참여하지 못할 때에는 자신의 조대 상태를 "눌가"로 해 놓는다.

아. 저속한 욕설, 음담패설 등 상대방에 불쾌감을 주는 대화를 하지 않는다.

자. 타자속도가 느린 이용자를 만날 경우 천천히 기다려준다.

제6절 전입 및 전출시 예절

1. 지휘관, 상·하급자 및 동료들은 전입자가 부대에 조기 동화될 수 있도록 도와주어야 한다.
2. 전입자는 원활한 업무를 위해 가능한 빠른 시간 내에 업무 관계관을 방문하거나 또는 전화를 이용해 인사를 하여야 한다.
3. 전입 및 전출 간부에 대한 환영 및 환송을 위해 개별적인 방문이나 모임보다는 가능한 한 공식적인 자리를 통해 인사를 나눈다.
4. 전임자는 후임자가 인수인계와 동시에 업무를 수행할 수 있도록 배려해야 한다.

제7절 남녀간 예절

1. 이성이 혼자 있는 사무실 출입 시에는 노크 등을 통해 사전 승낙을 받아야 한다.
2. 이성간 개인 신상에 관한 질문은 삼간다.
3. 남녀군인(군무원 포함) 2명만이 사무실에 잔류 시에는 출입문을 개방한다.
4. 이성이 함께 근무하는 사무실에서 환복 시에는 지정된 탈의실을 이용하고, 특히 민소매 런닝셔츠를 착용한 채로 상의를 탈의해서는 안 된다.
5. 계단이 넓을 경우 나란히 오르내려도 되지만, 좁은 계단의 경우 오를 때에는 여군이 뒤에서, 내려갈 때에는 여군이 먼저 내려가도록 한다.
6. 여군이 안내자일 경우에는 먼저 오를 수 있다.
7. 이성간 신체접촉, 독신자 숙소 출입, 무리한 음주 강요 등 성희롱 발생 가능한 여건을 배제한다.

제8절 조문 예절

1. 경사의 의미는 축하할 만한 기쁜 일을 의미하며, 경사에는 혼인, 환갑, 고희, 돌 등이 해당된다. 조사의 사전적 의미는 특별히 없으나, 흉사, 애사와 같은 의미로 쓰이며, 장례 · 병문안 등이 해당된다.

2. 조문 예절

① 가까운 사이인 경우 상황이 가능하다면 상가로 가서 조문을 하고 도울 일을 찾는 것이 예의이다.
② 상체와 목례로 조의를 표한다.
③ 영정 앞에서 가벼운 목례로 조의를 표한다.
④ 영정 앞에 무릎을 꿇고 앉아 촛불을 이용해 향에 불을 붙인다.
⑤ 향은 불어서 끄지 않고, 손가락으로 끄거나 왼손을 가볍게 흔들어서 끈다.
⑥ 두 손으로 향로에 향을 꽂는다.
⑦ 고인의 영정에 절을 한다.
※ 두 번 절을 하고 일어서서 반절을 한다.
※ 종교를 가진 사람은 종교 의식에 따라 기도 또는 묵념에 따른다.
⑧ 일어서서 영정에 다시 목례를 하고, 상주와 맞절을 한다.
⑨ 애도의 말을 전한다.
※ '삼가 조의를 표합니다', '뭐라 드릴 말씀이 없습니다' 정도로 조의를 표한다.
⑩ 일어서서 상주와 인사를 마치고 나오면서 가능하다면 조의금을 전한다.

3. 조문시 복장

가. 남 군

① 현대의 장례예절에서는 검정색 양복을 입는다.
② 짙은 갈색이나 회색 양복도 무난하다.
③ 셔츠는 반드시 회색을 입는다.
④ 넥타이, 양말, 구두는 검정색으로 한다.
⑤ 제한 시 가장 단정한 복장을 착용한다.(짙은 색 권상)
※ 군인은 정복 또는 전투복을 착용할 수 있다.

나. 여 군

① 검정색 상의와 검정색 스커트가 무난하다.
② 검정색 구두에 무늬가 없는 검정색 스타킹이 좋다.
③ 핸드백도 검정색으로 통일한다.
④ 지나친 색조 화장 및 화려한 장신구는 삼간다.
⑤ 향수를 지나치게 사용하지 않는다.
※ 군인은 정복 또는 전투복을 착용할 수 있다.

4. 조문시 주의사항

가. 유족에게 계속해야 말을 시키는 것은 결례이다.

나. 친구나 친지를 만나더라도 큰소리로 이름일 부르지 않는다. 낮은 목소리로 조심스럽게 말하고 조문이 끝난 뒤 밖에서 따로 이야기하도록 한다.

다. 고인의 사망 원인, 경위 등을 유족에게 상세하게 묻는 것은 실례가 되며, 장의 절차에 대해 참견하지 않는다.

제2편

제 식

제1장 목적 · 용어 · 지휘 · 구령

제2장 개 인 제 식

제3장 부 대 제 식

제1장 목적 · 용어 · 지휘 · 구령

제1절 목 적

지휘자의 명령 복종을 습성화시키고, 부대의 행동을 통일하며 단결심과 협동심을 고양시켜 군인 기본자세를 확립하고, 군인답고 당당하며 의젓한 모습을 갖춤으로서 궁극적으로는 전투력을 향상 시키는데 있다.

제2절 용어 정의

1. **제식(制式)**은 개인 및 부대가 절도 있고 통일되게 취해야 하는 동작의 규정된 격식 및 방식이다.
2. **제식훈련**은 개인 및 부대가 제식동작을 숙달하기위해 실시하는 교육훈련이다.

구분		내용
제식훈련	개인제식	개인이 맨손 또는 총기를 휴대한 상태에서 제식동작을 숙달 하기위해 실시하는 훈련이다.
	부대제식	부대가 제식동작을 숙달 하기위해 실시하는 훈련이다.

3. **구성단위(構成單位)**는 개인 · 분대 · 반 · 소대 · 중대 · 대대 · 연대 · 사단 · 군단 · 군 · 육군본부 · 합동참모본부 등의 부대를 말한다.
4. **간격**은 구성단위와 구성단위 간 측면으로 떨어진 공간을 말한다. 간격은 개인 간격과 부대간격으로 나눌 수 있으며, 개인간격에는 정식간격, 좁은간격, 양팔간격이 있다.

가. **정식간격**은 왼팔을 어깨 높이로 올려 팔과 손을 곧게 펴고 손가락은 가지런히 모아 손바닥이 지면을 향하도록하며, 가운데 손가락이 왼쪽사람의 오른쪽 어깨에 닿을 정도가 되었을 때의 좌·우측사람 간의 측면공간을 말한다. 이때 개인 간의 거리는 1m 내외로 유지한다.

나. **좁은간격**은 왼팔을 올리고 왼손바닥을 펴서 모아 손끝이 지면을 향하도록 하여 왼쪽 허리띠에 대고, 팔꿈치를 몸과 나란히 하여 왼쪽사람의 팔에 닿을 정도가 되었을 때의 좌·우측 사람간의 측면공간을 말한다. 개인간의 거리는 50cm 내외로 유지한다.

다. 양팔간격은 양팔을 어깨높이로 올려 팔과 손을 곧게 펴며 손가락은 가지런히 모아 손바닥이 지면을 향하도록 하여 손끝이 좌 · 우측 사람의 손끝과 닿을 정도가 되었을 때 좌 · 우측 사람간의 측면 공간을 말한다. 이때 개인간의 거리는 2m 내외로 유지한다. 총기휴대시 양팔 간격은 왼손을 정식간격과 동일하게 올리고 오른쪽은 왼쪽 간격만큼 유지되도록 한다.

라. 부대간격은 대형을 이루고 있는 부대 와 부대 사이의 측면공간을 의미하며 오른쪽 부대의 왼쪽 끝으로부터 왼쪽 부대의 오른쪽 끝까지의 공간을 말한다. 부대간격은 통상 "소대간격 0보"처럼 바른걸음의 걸음수로 표현한다.

5. **오(五)와 열(列)**은 사람이나 차량이 정렬했을 때 가로로 줄지어 정렬한 한 줄을 '오'라고 하며, 세로로 줄지어 정렬한 한 줄을 '열'이라 한다.

6. **거리**는 구성단위와 다른 구성단위가 앞 · 뒤로 떨어진 공간을 말하며, 개인거리와 부대거리가 있다.

가. 개인거리는 앞사람의 등에서부터 뒷사람의 가슴까지의 사이를 말한다. 개인의 거리는 간격에 따라 달라지며 좁은간격시 거리는 약 50cm, 정식 간격시 거리는 약 1m, 양팔간격시 거리는 약 2m를 유지한다.

나. 부대거리는 앞 부대의 맨 뒤 오에서 뒤 부대의 맨 앞 오 사이를 말하는데 각 부대간의 거리는 부대의 대형 크기에 따라 다르고, 부대거리는 통상 "소대거리 0보"처럼 바른걸음의 걸음수로 표현한다. 소대장, 부소대장과 같이 소대에서 떨어져있는 사람은 그 자체가 하나의 오와 열을 형성한다.

7. **대형**은 한 단위부대가 정해진 방법으로 정렬한 모양을 말한다.

가. 횡대대형은 부대 또는 조직이 가로로 줄지어 정렬한 대형이다. 소대 횡대 대형에 있어서 각 분대의 분대원은 옆으로 나란히 서되, 각 분대는 앞 · 뒤로 나란히 정렬한다.

나. 종대대형은 부대 또는 조직이 세로로 줄지어 정렬한 대형이다. 소대 종대 대형에 있어서 각 분대의 분대원은 상호 앞 · 뒤로 서되, 각 분대는 옆으로 나란히 정렬한다.

다. **밀집대형**은 중대급 이상의 단위부대가 종대 또는 횡대대형에서 간격 및 거리 구분없이 정렬한 대형을 말한다.

8. **기준**은 부대가 정렬하거나 대형을 갖출 때 표준이 되는 사람을 말한다. 기준은 부대를 요구하는 형태로 정렬시키기 위해 지정하며, 요령은 맨손 및 총기휴대시 구분 없이 왼손을 가볍게 말아 쥔 상태에서 왼팔을 위로 수직으로 올리며, "기준"이라고 힘차게 외쳐 다른 부대원에게 알린 후 팔을 신속히 내려 최초 자세로 돌아온다. 이때 말아 쥔 왼손의 손바닥방향이 정면을 향하도록 한다.

9. **폭**은 가로로 선 각 구성단위를 포함한 대형의 왼쪽 끝에서 오른쪽 끝까지의 너비를 말한다.

10. **종심**은 세로로 선 각 구성단위를 포함한 대형의 선두 가슴부터 후미 등까지의 길이를 말한다.

11. **측익**은 횡대 및 종대로 정렬한 대형의 왼쪽 끝 열이나 오른쪽 끝 열을 말한다.

12. **선두**는 대형의 맨 앞에 위치한 사람을 말한다.

13. **정렬**은 부대규모에 따라 적합한 거리와 간격을 유지하면서 오와 열을 형성하는 행위 또는 상태를 말한다.

14. **보폭**은 행진하는 사람의 앞발뒤꿈치에서 뒷발 뒤꿈치까지의 규정된 거리를 말하며, 바른걸음의 보폭은 구성단위의 특성을 고려하여 지휘관이정할 수 있다. 단, 옆걸음의 경우 좌 · 우측 발의 사이 공간의 거리를 말한다.

- 바른 걸음 : 78 ~ 80 cm
- 뜀 걸 음 : 90 cm 이상
- 반 걸 음 : 39 ~ 40 cm
- 큰 걸 음 : 81 cm 이상
- 옆(뒷)걸음 : 30 cm

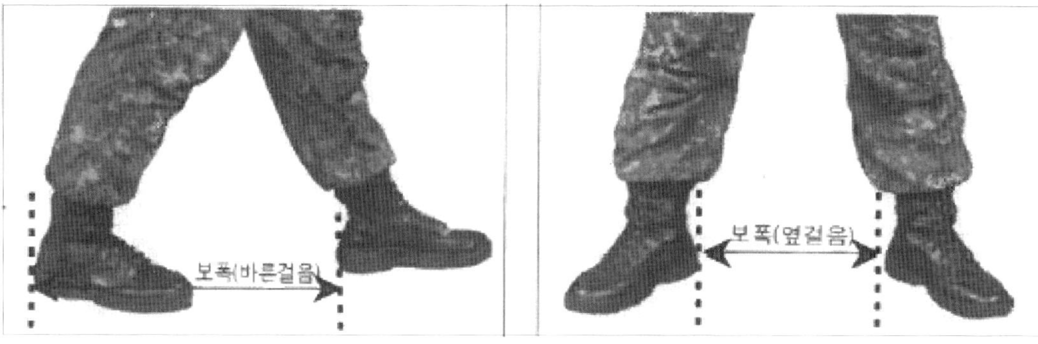

15. **보조**는 걸음의 형태에 따른 일정한 속도를 의미하며 통상 1분간 행진하는 걸음수로 표시한다.

- 바른(큰)걸음 : 120보/분
- 옆(뒷)걸음 : 60보/분
- 뜀 걸 음 : 180보/분

제3절 지휘 및 구령

1. 지 휘

가. 지휘자의 자세

1) 지휘자는 부하에게 솔선수범하고 용기 · 인내심 · 사명감을 가져야 하며, 분명하고 위엄있는 목소리와 명확한 억양으로 구령을 붙이며 단정한 외모를 갖추어야 한다.

나. 지휘자의 위치

1) 지휘자는 전 부대를 볼 수 있는 적당한 곳에 위치해야 한다. 통상 집합시는 부대

중앙 3보 앞에 위치하며, 이동시에는 부대 선두로부터 좌측 2/3 지점 에 위치하는데, 구령이 모든 부대원에게 들릴 수 있어야 하고 잘못된 점을 지적할 수 있는 위치를 유지해야 한다.

2) 부대원 집합시에는 가능한 대원을 태양과 마주보지 않게 하고, 풍향 및 시계 등도 고려해야 한다.

2. 구 령

가. 구령이란 지휘자가 대형을 이루거나 즉각적인 행동을 요구하기 위해 하달하는 명확하고 간결한 지휘자의 구두명령이다.

나. 구령은 크게 '예령'과 '동령'으로 구분된다.

1) **예령**은 구령의 앞부분에 해당하며 대형 및 부대 인원들에게 취해야 할 동작이 어떤 것인가를 예상하게 하여 동작을 취하기 전에 마음의 준비를 갖추게 하는 것이다.

2) **동령**은 구령의 뒷부분이며 동작의 시작을 요구하는 명령이다. 동령을 구령할 때 "차렷", "앞으로 갓"처럼 구령을 강조하기 위한 "ㅅ"을 발음할 수 있다.

3) **"헤쳐", "모여", "쉬어", "편히쉬어", "바로"** 등은 예령이 없는 동령으로 사용할 수 있다.

4) **"차려"**는 개인에게 하달할 경우에 예령 없이 바로 동령으로 사용할 수 있다. 단, 행사 또는 단위부대의 "차려"는 행동의 통일이 요구되므로 예령을 사용한다.

5) **"차려"**에서 예령은 "부대(部隊)"를 기본으로 사용하고, 필요시 구성단위 부대 명칭을 예령으로 사용할 수 있다.

다. 구령방법 : 구령의 크기 및 길이는 구성단위의 인원수에 맞추어 조절해야 하며, 구령은 바른 자세, 적당한 호흡, 목과 입의 근육이 적절히 조정 될 때 정확하게 내릴 수 있다.

1) **명확성** : 구령은 억양과 발음이 명확해야 한다.

2) **단절성** : 예령과 동령을 구분하고 동령은 절도 있게 끊어야 한다.

3) **억양** : 예령은 자연스럽게 말하는 높이로 부대원들이 마음의 준비가 가능하도록 길게 하되, 동령을 내릴 수 있는 여력을 남겨야 한다. 동령은 즉각 행동이 가능하도록 절도 있고 강하면서 높아야 한다.

4) **구령의 음률** : 예령과 동령은 일정한 간격을 유지해야 하며, 구성 단위의 크기가 커짐에 따라 간격을 길게 해야 한다.

5) **구령 조정** : 모든 부대원이 구령을 붙이는데 익숙해지기 위한 구령 연습은 지휘자나 지정한 자의 선창에 의한 복창 연습과 선창 없는 개인적인 연습이 있다. 지휘자의 "구령조정 시작"이라는 구령에 부대원들은 "열중 쉬어, 부대 차렷, 뒤로 돌아" 등을 연속으로 복창하는 연습방법으로 지휘자는 부대 별 특성에 따라 융통성 있게 구령연습을 시킬 수 있다.

라. 구령의 정정 : 내려진 구령이 잘못되었거나 구령에 의한 동작을 변경할 경우는 "다시"라는 용어를 사용한 후 다시 구령을 내린다.

마. 구령시기 : 부대원이 정지한 상태에서 구령은 언제든 내릴 수 있으나 행진하고 있는 상태에서 구령은 대부분 왼발에 예령과 동령을 내린다. 단, 우로 방향을 전환하는 경우 또는 우로봐는 오른발에 내린다.

제2장 개인 제식

제1절 목 적

개인이 총기를 휴대하지 않은 상태의 맨손 또는 총기를 휴대한 상태에서 절도 있고 정확한 기본 동작을 취하게 함으로써 부대의 행동을 통일하는데 있다.

제2절 제식의 종류

1. 맨손 제식

구분		
기 본 동 작	• 차려자세 • 쉬어 / 편히쉬어 • 헤쳐 및 모여 • 앉아자세	• 열중쉬어 • 거수경례 • 정지간 방향전환 • 선서 및 결의 자세
걸음과 행진	• 바른 걸음 • 뜀걸음 • 옆걸음 • 제자리걸음 • 정지간 방향전환 행진 • 행진간 방향전환 정지 • 번호 붙이기	• 큰걸음 • 반걸음 • 뒷걸음 • 제걸음과 길걸음 • 행진간 방향전환 • 걸음변경

2. 총기휴대 제식

K2소총 휴대 제식	• 세 워 총 • 쉬어자세 • 앉　　아 • 허리에총 • 앞 에 총 • 비껴걸어허리총 • 우내려총 및 좌내려총 • 비껴들어총 • 꽂 아 칼 • 빼 어 칼	• 우로어깨총 및 좌로어깨총 • 검 사 총 • 멜빵조정 • 좌 · 우로어깨걸어총 • 비껴걸어총 • 걸 어 총 • 풀 어 총 • 총기휴대시 경례 • 자세 변경
KIA 기관단총 휴대 제식	• 차려자세 • 쉬어자세 • 앉　　아 • 앞 에 총 • 검 사 총 • 멜빵조정 • 비껴걸어총	• 비껴걸어허리총 • 비껴들어총 • 꽂 아 칼 • 빼 어 칼 • 걸 어 총 • 풀 어 총 • 총기휴대시 경례
기관총 휴대 제식	• 기관총휴대 제식 행동요령 • 비껴걸어 허리총	• 거수경례
권총휴식 제식	• 차　　려 • 쉬　　어 • 올 려 총	• 검 사 총 • 꽂 아 총

제3절 맨손 제식

1. 기본동작

가. 차려자세

차려자세는 군인의 기본자세이다. 그러므로 내면적으로는 군인정신 충일하고, 외형적으로는 항상 엄숙 단정 하여야 한다.

1) 구 령 : 차렷

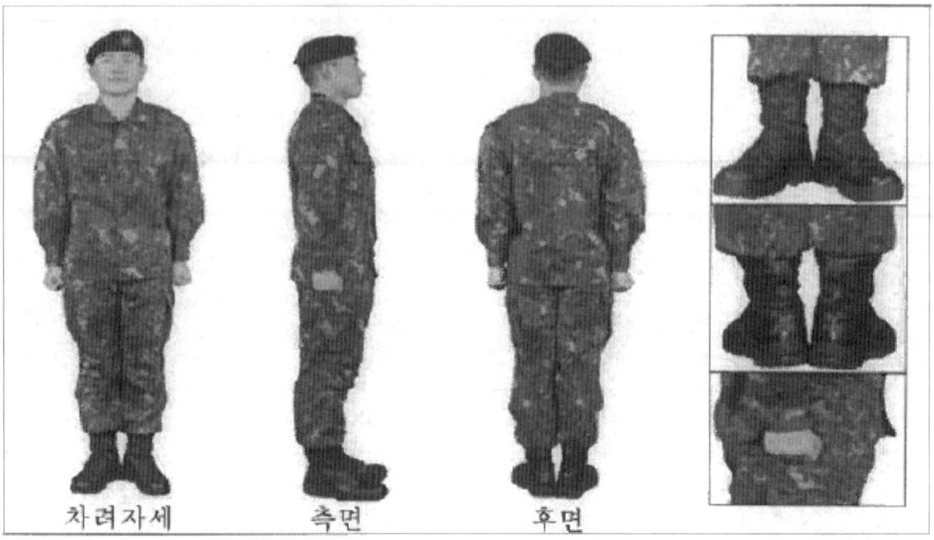

2) 요 령

가) 양발 뒷꿈치를 동일선상에 두고 발의 내각은 45°를 유지한다.

나) 가슴을 펴고 어깨는 자연스럽게 내린다.

다) 양팔은 곧게 펴 몸의 측면에 붙인다.

라) 주먹은 엄지손가락으로 집게손가락과 가운뎃손가락을 감싸쥐고 엄지손가락 끝은 하의 표면의 봉합선에 붙인다.

마) 입을 다물고 턱은 아래쪽으로 살짝 당기며, 머리를 반듯하게 세운다.

바) 눈은 눈높이로부터 정면 위로 15°를 주시하고, 눈동자를 고정한다.

3) 유의사항

가) 차려자세는 부동자세로써 필요한 경우에 한하여 실시하고 장시간하지 않도록 하며, 차려자세가 필요 없는 경우에는 "쉬어" 또는 "편히쉬어" 자세로 조정한다.

나) 지나친 긴장으로 몸이 경직되지 않도록 하며 내적인 자신감과 여유를 가져야 한다.

다) 방독면 휴대시 '옆으로 메어' 자세에서는 왼손으로 방독면 좌전방 하단 모서리 부분을, '다리 메어' 자세에서는 좌전방 상단 모서리 부분을 감싸쥔다.

라) 대검 휴대시 왼 주먹은 대검 위에 붙인다.

마) 권총 휴대시 오른손으로 권총집을 가볍게 감싸쥐며, 지휘봉 휴대시 지휘봉은 지면과 수평하게 유지한다.

바) 대형 안에 있을 경우에 다른 사람과 대화를 할 수 없지만 상급자 질문시 답변과 행사간 대열에서 박수치는 동작은 가능하다.

나. 열중쉬어

구성단위가 대형을 갖춘 상태에서 차려자세로 장시간 유지할 경우 피로의 누적을 방지하고 긴장을 완화시키는데 있다.

1) 구 령 : 열 중 쉬 어

2) 요 령

가) 왼발을 왼쪽으로 반듯하게 벌려 양발 뒤꿈치의 내측이 30cm 되게 한다.

나) 두 손은 자연스럽게 펴서 등 뒤로 하고 왼 손등을 허리띠에 붙이며, 이때 오른 손등을 왼손바닥 위에 놓고 양쪽 엄지손가락을 교차시킨다.

다) 양팔꿈치를 뒤로 하여 등과 평행하게 하며 가슴을 편다.

3) 유의사항

가) 열중쉬어 자세는 차려자세에서만 실시할 수 있으며, 차려자세와 동일하게 부동자세의 연속으로 부동자세가 필요 없는 경우에는 '쉬어' 또는 '편히쉬어' 자세로 조정한다.

나) 대형 안에 있을 경우에 다른 사람과 대화를 할 수 없지만 상급자 질문시 답변과 행사간 대열에서 박수치는 동작은 가능하다.

다) 방독면 휴대시 왼손은 방독면을 그대로 잡고 오른손만 허리띠에 붙인다.

열중쉬어 측면 후면 쉬어자세

다. 쉬 어

구성단위가 대형을 유지한 채 장시간 대기하거나 휴식을 취할 경우에 사용하는 자세이다.

1) 구 령 : 쉬 어
2) 요 령
   가) 열중쉬어의 자세에서 손을 풀어 자연스럽게 내린다.
   나) 오른발 고정시키고 왼발과 상체를 가볍게 움직일 수 있으나, 말은 할 수 없다.
3) 유 의 사 항
   가) 쉬어자세는 '열중쉬어' 자세에서만 실시할 수 있다.
   나) 대형 안에 있을 경우에 다른 사람과 대화를 할 수 없지만 상급자 질문 시 답변과 행사간 대열에서 박수치는 동작은 가능하다.
   다) 상급자가 개인 또는 제대별 질문시 답변할 경우와 박수를 쳐야 할 경우 쉬어에서 열중쉬어 ⇨ 차려자세로 전환하지 않고 쉬어자세 그대로 답변하고 박수친 후 쉬어자세로 돌아간다.

라. 편 히 쉬 어

쉬어자세와 동일한 목적으로 실시하나, 대화할 수 있는 것이 추가된다.

1) 구 령 : 편 히 쉬 어
2) 요 령
   가) '열중쉬어' 또는 '쉬어' 자세에서 실시할 수 있다.

마. 헤쳐 및 모여

구성단위가 흩어지게 하거나 집합시키기 위한 목적으로 사용한다.

1) 구 령 : "헤쳐", "모여"
2) 요 령
   가) "헤쳐"라는 구령에 "헤쳐"라고 복명복창하고, 대오를 떠나 흩어진다.
   나) 헤쳐는 반드시 차려 자세에서 실시한다.
   다) "모여"라는 구령에 지시된 대형을 이루고, 최초 대형으로 집합하여 차려자세를 취한다.

바. 거수 경례

> 경례는 국가 권위에 대한 충성심의 표시이며, 상관에 대한 자발적인 복종심과 부하에 대한 자애심의 발로인 동시에 상 · 하 상호간 그 직책과 직위에 대한 인식이며, 엄정한 군기의 겉으로 드러난 상징이다. 그러므로 경례는 항상 엄숙단정하게 실시하여야 한다.

1) 구 령 : 대상자가 사람일 경우에는 "00님께 대하여 경례",
   사람이 아닐 경우에는 "00에 대하여 경례"

2) 요 령

가) 오른손을 최단거리로 절도 있게 올려 집게손가락과 가운데손가락 사이를 오른쪽 눈썹의 오른쪽 끝부분에 붙인다.

단, 모자를 쓰거나 안경 착용시 오른손 손가락 위치는 모자를 쓰지 않았을 때 손 위치의 전방 방향 연장선으로 하고 안경 착용시 안경 우상단 끝부분에 붙인다.

나) 오른손 손가락을 모두 붙여서 곧게 펴고, 엄지손가락을 집게손가락 측면에 붙인다.

다) 좌 · 우측 어깨는 수평을 유지하고, 손등과 하박은 일직선을 유지하고 전방에서 보았을 때 지면으로부터 45°를 유지하고, 상박은 어깨 앞으로 30 ~ 45°, 자연스럽게 유지하며 손등과 손바닥이 수례자에게 보일 듯 말 듯 하게 유지한다.

거수경례(정면)

거수경례(측면)

베레모 착용시

안경 착용시

방탄헬멧 착용시

운동모 착용시

3) 유 의 사 항

가) 거수경례는 차려자세에서만 할 수 있으며, 왼팔은 차려자세를 유지한다.

나) 시선은 수례자의 눈을 향한다. 단, 2인 이상의 단체 경례시에는 각자의 정면을 향한다.

다) 경례구호를 할 경우에는 손이 올리감과 동시에 힘차게 붙인다.

라) 베레모나 영내 활동모 착용시 손가락의 위치는 오른쪽 눈썹 오른쪽 끝부분에 붙인다.

4) 거수경례의 바로

가) 거수경례에서 지휘자의 "바로"라는 구령에 오른손을 최단거리로 절도 있게 내려 차려자세로 복귀한다.

사. 우로봐

우로봐 자세는 정지 및 행진간 사열관에게 고개를 돌려 주목을 함으로써 예를 표하는 동작으로 경례와 같은 의미를 가지고 있다.

1) 구 령 : "우로 봐"

가) 정지 간 우로봐는 사열관이 부대의 우측 선두 6보 우 전방에 도달했을 때 "봐"라는 동령을 실시한다.

나) 행진간에는 "우로"라는 예령은 오른발에 시작하며, "봐"라는 동령은 5보 이동후 오른발에 붙인다. 대형의 규모와 사열대와의 거리를 고려하여 5보 이상 행진 후 동령 하달이 가능하고, 지휘자가 사열관으로부터 6보 전방에 도달했을 때 실시한다.

2) 정지간 우로봐 실시요령

가) "봐"의 동령에 따라 고개와 시선을 절도 있게 오른쪽으로 60° 돌려 수례자를 주목하며, 수례자가 자기 정면에 올 때까지 수례자를 따라 고개와 시선을 돌리다가 자기 정면에 왔을 때 멈춘다.

나) 고개는 경례구호 마지막 구호에 돌린다.

다) 사열관이 승차한 경우 수행하는 차량과는 관계없이 사열관이 승차한 차량 후미가 지나간 순간 경례가 끝난다.

3) 행진간 우로봐 실시요령

가) "봐"의 동령에 맨 오른쪽 열은 고개를 돌리지 않고 정면을 주시한 상태로 계속 행진한다.

나) 부대원은 고개와 시선을 절도 있게 오른쪽으로 60° 돌린 채 행진한다.

다) 경례구호는 동령(오른발) 후 내딛는 왼발에 맞춰 실시하고, 마지막 구호에 고개를 돌린다.

라) 지휘자의 "바로" 구령에 고개와 시선을 절도 있게 정면으로 돌린다.

아. 정지간의 방향전환

> 차려자세에서 좌측이나 우측, 또는 뒷 방향으로 신속하게 방향을 전환하는 동작으로 정지간의 모든 방향전환은 바른걸음 속도 약 1초에 2동작의 속도로 행하며, 모든 동작은 차려자세에서 시작된다

1) 좌로 방향전환

가) 구 령 : "좌향 좌"

나) 요 령

(1) 제1동작으로 왼발 뒤꿈치와 오른발 앞꿈치를 축으로 하여 왼쪽으로 90° 돈다. 이때 몸의 중심을 왼발에 두고 오른다리는 곧게 유지한다.

(2) 제2동작으로 뒷발을 최단거리로 절도 있게 앞발에 붙여서 차려자세를 취한다.

(3) "우향 우"는 우측으로 발만 바꾸어 적용한다.

2) 뒤로 돌아

가) 구 령 : "뒤로 돌아"

나) 요 령

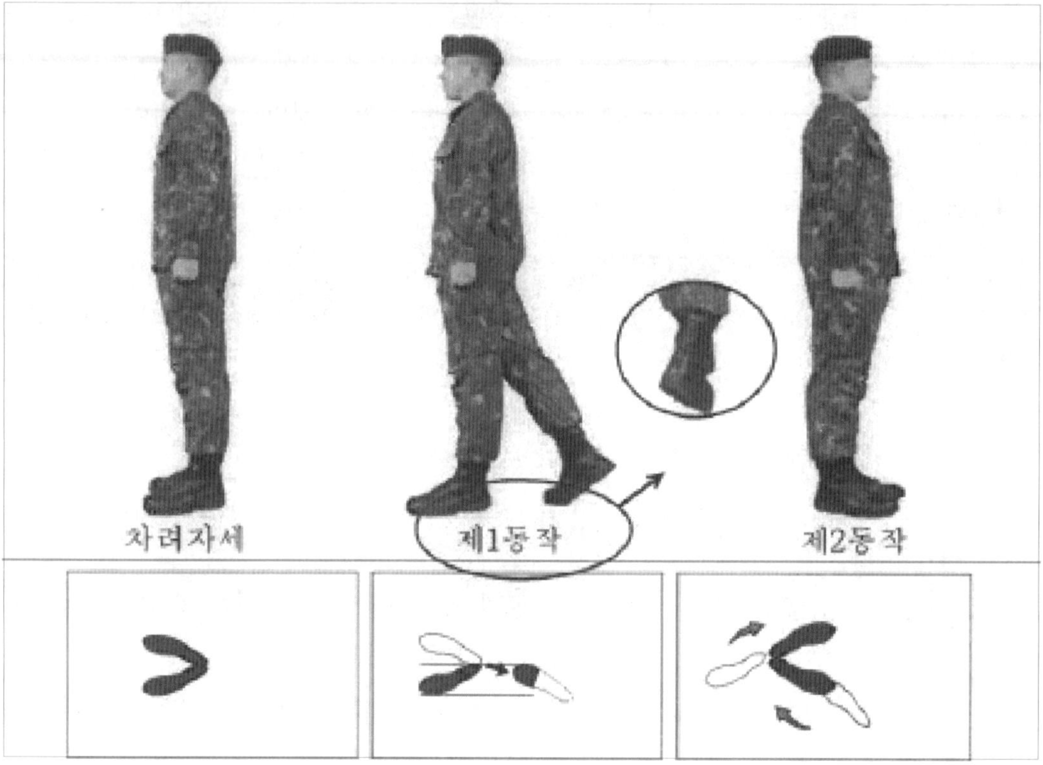

(1) 제1동작으로 오른발을 지면을 스치듯이 직후방으로 빼서 왼발 뒤꿈치로 부터 반족장 정도 지점에 위치시키고 체중을 왼발 뒤꿈치에 두고 약간 뒤로 몸을 기울인다.

(2) 제2동작에 왼발 뒤꿈치와 오른발 끝을 축으로 하여 아랫배에 힘을 주어 힘차게 오른쪽으로 180° 회전함과 동시에 양발 뒤꿈치를 밀착시켜 "차려" 자세를 취한다.

다) 유 의 사 항

(1) 방향 전환시 무릎을 굽히지 말아야 하고, 팔이 몸에서 떨어져서는 안 된다. 또한 전환하는 순간 머리를 숙인다든가 상체를 흔들지 말아야 하며, 방향전환이 완료되면 차려자세로 복귀한다.

자. 앉아 자세

차려자세에서 지면이나 의자에 앉는 동작으로 상황과 목적에 따라 무릎 앉아, 제자리 앉아, 의자에 앉아 등이 있다.

1) 무릎 앉아

가) 무릎 앉아는 지면에 한쪽 무릎만 꿇고 앉은 자세로 단시간 동안 많은 부대원을 상대로 어떤 설명을 하거나 기타 앉아야 할 경우에 실시한다.

나) 구 령 : "무릎 앉아"

다) 요 령

(1) "앉아"라는 동령에 제1동작으로 양팔은 차려자세와 동일하게 유지하고, 오른발을 지면을 스치듯이 왼발 뒤꿈치로부터 1족장 직후방으로 뺀다.

(2) 제2동작으로 오른 무릎 끝을 왼발로부터 주먹 1개 약 10cm 정도의 간격을 두고 왼발의 가운데 부분에 오도록 지면에 대고 왼무릎은 세우며 앉는다.

(3) 양어깨는 자연스럽게 내리고 상체는 지면과 수직상태 유지하고 머리와 시선은 전방을 주시한다.

(4) 왼팔 상박은 겨드랑이에 붙이고, 오른팔은 자연스럽게 쭉 편다.

(5) 주먹은 차려자세와 같이 자연스럽게 쥐고 왼 주먹은 왼 무릎 위에 오른주먹은 오른 허벅다리 위에 가볍게 올려놓는다.

(6) 무릎앉아는 부동자세로 움직이거나 대화를 할 수 없으나, 상급자 질문시 답변은 가능하다.

(7) "쉬어"구령에 오른다리와 상체 및 양팔을 가볍게 움직일 수 있고, "편히 쉬어" 구령에 지면에 닿은 무릎을 바꿀 수 있으며, 다른 사람과 작은 목소리로 대화를 할 수 있다.

(8) 쉬어 · 편히쉬어 자세에서 "앉은 채로 차려" 구령에 무릎 앉아 자세로 복귀한다.

라) 유의사힝

(1) 무릎 앉아 자세는 부동자세로써 장시간 실시하지 않도록 한다.

(2) 자세가 필요 없는 경우에는 쉬어 · 편히쉬어 자세로 조정하거나 일어서서 다른 자세를 취하도록 통제한다.

2) 무릎 앉아에서 일어서기

가) 구 령 : "일어 서"

나) 요 령

(1) "서"라는 동령에 제1동작으로 양 무릎을 펴서 일어선다. 양 팔은 차려자세와 동일하게 유지한다.

(2) 제2동작으로 오른발을 최단거리로 왼발에 붙이면서 차려자세를 취하는 데, 이때 상체를 흔들거나 머리를 숙여서는 안 된다.

3) 제자리 앉아

가) 제자리 앉아는 부대원에게 대형을 유치한 채 잠시 앉아 대기하거나 쉬게 할 경우에 실시한다.

나) 구 령 : "제자리 앉아"

다) 요 령

(1) 무릎 앉아 자세에서 제자리 앉아는 1동작으로 오른 무릎을 약간 들고 일어서면서 오른발을 왼발 앞으로 꼬아 양반다리로 앉는다. 양팔꿈치는 자연스럽게 굽혀 옆구리에 붙이고 주먹은 양 무릎 위에 가볍게 올려놓는다.

(2) 차려자세에서 제자리 앉아는 오른발을 왼발 앞으로 꼬아 양반자세로 앉는다. 양 팔꿈치는 자연스럽게 굽혀 옆구리에 붙이고 주먹은 양 무릎 위에 가볍게 올려놓는다.

■ 무릎앉아 자세에서 제자리 앉아

■ 차려자세에서 제자리 앉아

(3) 앉을 때 왼손을 좌 후방으로 짚은 후 앉을 수 있다.

(4) 제자리 앉아는 부동자세로 움직이거나 대화를 할 수 없으나, 상급자 질문 시 답변은 가능하다.

(5) "쉬어" 구령에 상체 및 양팔을 가볍게 움직일 수 있다.

(6) 편히쉬어는 부대원에게 편안한 자세로 설명을 계속 듣게 하거나, 대형을 유지한 채 장시간 앉아 대기하거나 쉬게 할 경우에 실시한다.

(7) 편히쉬어 자세에서는 양발을 바꾸거나 다리를 전방으로 뻗을 수 있고, 양손을 등 뒤로하며 지면을 짚는 등 편하게 쉴 수 있으며, 다른 사람과 작은 목소리로 대화할 수 있다.

(8) 쉬어 · 편히쉬어 자세에서 "앉은채로 차려" 구령에 제자리 앉아 자세로 복귀한다.

4) 제자리 앉아에서 일어서기

가) 구 령 : "일어 서"

나) 요 령

(1) "서"라는 동령에 제1동작으로 왼손을 좌후방으로 짚은 후 반동에 의해 신속히 일어선다.

(2) 제2동작으로 꼬아진 오른발을 풀어 왼발에 붙이며, 차려자세를 취한다.

5) 의자에 앉아

가) 구 령 : "의자에 앉아"

나) 요 령

(1) "앉아"라는 동령에 등이 등받이에 닿지 않도록 상체를 곧게 세우고 의자에 앉는다. 이때 양발은 약 30cm 정도 벌리는데, 여군의 경우 치마를 착용하였을 때에는 양발과 무릎을 자연스럽게 모을 수도 있다.

(2) 극장이나 강당 의자와 같이 자동으로 뒤로 접혀있는 의자에 앉을 때는 왼쪽으로 고개를 돌리고, 왼손으로 좌석을 밑으로 내린 후 앉는다.

(3) 양팔은 자연스럽게 펴고 손은 주먹을 쥔 채로 손등이 위를 향하도록 하여 무릎 위에 자연스럽게 올려놓는다.

(4) 기타 자세는 차려자세와 같다.

6) 의자에 앉아에서 일어서기

가) 구 령 : "일어 서"

나) 요 령

(1) "서"라는 동령에 한 동작으로 일서서 차려자세를 취한다. 좌석이 자동으로 뒤로 접히는 의자의 경우 앉는 동작을 역순으로 왼손으로 좌석을 잡아 소음이 나지 않게 해야 한다.

다) 유의사항

(1) 앉아 자세에서는 열중쉬어를 하지 않고 바로 쉬어를 한다. 각종 앉아 자세를 열중쉬어 자세와 동일한 상태로 간주한다.

(2) 앉은 상태에서 베레모, 방탄헬멧 등을 벗을 경우 "모자 벗어" 착용할 경우 "모자 써" 구령을 실시한다.

차. 선서 및 결의 자세

의식행사간 선서를 하거나 결의식을 할 때 사용하는 동작으로 차려자세에서 시작하여 차려자세에서 종료된다.

1) 구 령 : 선서의 구령은 "선서", 결의의 구령은 "결의"이다.

2) 요 령

가) 대표자의 "선서 또는 결의" 구령에 전 인원은 선서의 "서" 또는 결의의 "의"라고 복창함과 동시에 오른쪽 팔을 들어올린다.

나) 선서는 손가락을 붙여서 펴고, 결의는 주먹을 말아 쥔다.

다) 손의 높이는 손끝이 자신의 얼굴 눈썹부분 옆에 위치시키고, 손바닥 및 주먹의 손가락 방향이 정면을 향하며, 하박은 지면과 수직을 유지한다.

라) 총기를 휴대한 선서 및 결의시 차려자세에서 왼손을 펴 손바닥으로 총의 소염기 부분을 지탱하고 오른손을 들어 선서 및 결의를 실시하여 엉거주춤한 자세가 되지 않도록 한다.

마) 선서 또는 결의가 끝나면 "00년 00월 00일 선서(결의)자 대표 00(계급) 홍길동(이름)"이라고 할 경우, 대형 안에 인원은 본인의 계급과 성명을 복창한 후 차려자세로 복귀해야 한다. 마지막 이름 "동"을 복창함과 동시에 팔을 내려 차려자세를 취한다.

2. 걸음과 행진

가. 바른걸음

바른걸음이란 1분간에 120보의 보조로 행진하는 걸음으로 보폭은 78~80cm이며, 평상시 자연스럽게 보행하는 일반적 걸음으로 여군 및 신장차이에 따라 지휘관(자)이 조정할 수 있다.

1) 정지에서 바른걸음

가) 구 령 : "앞으로 가"이며, 걸음 수 한정시에는 "앞으로 ○보 가"이다.

나) 요 령

(1) "앞으로"라는 예령에 보이지 않을 정도로 체중을 오른다리에 옮기며, 몸의 중심을 앞으로 기울인다.

(2) "가"라는 동령에 제1동작으로 왼발을 앞으로 내디딤과 동시에 오른 팔은 앞으로, 왼팔은 뒤로 하여 제1보를 내디딘다.

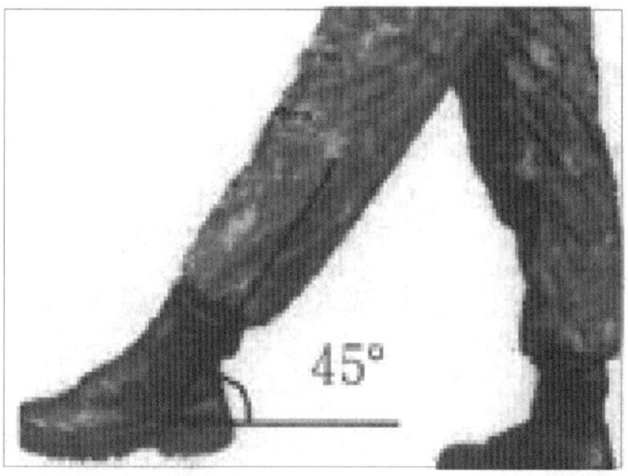

(3) 정지한 상태에서 바른걸음의 보폭을 유지하기 위해 무릎과 발목을 곧게 펴 45° 들어 힘차게 내딛어야 하고, 제2보부터는 자연스럽게 행진한다.

(4) 다른 걸음으로부터 바른 걸음으로 전환할 경우와 행진간 방향전환 후 내딛는 제1보는 바른걸음의 1보와 동일하게 걸어서 보폭을 유지해야 한다.

(5) 양팔은 자연스럽게 앞으로 45°, 뒤로 15°로 흔든다. 이때 주먹은 차려자세와 동일하며, 손등이 밖을 향하도록 하고, 팔꿈치를 자연스럽게 펴야한다.

나) 유 의 사 항

(1) 행진시에는 발을 곧게 디뎌야 하고, 팔자걸음을 걸어서는 안 된다.

(2) 머리와 시선은 좌·우로 두리번거리지 않고 정면을 향한다.

(3) 공간이 가능하면 출발동작 간에는 대열을 정식간격으로 유지한다.

(4) 양팔은 옆구리를 스치듯이 흔들고, 앞에서 보았을 때 수평을 유지한다.

(5) 걸음 수 한정은 부대를 10보 이내의 단거리로 이동시킬 경우 실시되며, 이때 동작을 좀 더 질서 있게 하기 위하여 "하나", "둘" 등의 번호를 붙일 수 있다.

(6) 걸음 수 한정 시에도 팔은 정확하게 흔든다.

2) 바른걸음에서 정지

가) 구 령 : "제자리에 서"이고, 예령과 동령은 어느 발에 내려도 무방하다.

나) 요 령

(1) 실시하는 요령은 "서"라는 동령에 바른걸음으로 1보 더 나간 후 뒷발을 최단거리로 앞발에 붙이면서 차려자세를 취한다. 바른걸음에서 제자리 걸음으로 전환한 후 정지할 수도 있다.

나. 큰걸음

큰걸음이란 1분간에 120보의 보조로 행진하는 걸음으로 보폭은 81cm 이상이며, 의식행사시 실시하는 걸음이다.

1) 정지에서 큰걸음

가) 구 령 : "큰걸음으로 가"

나) 요 령

(1) "큰걸음으로" 라는 예령에 눈에 띄지 않을 정도로 체중을 오른다리에 옮기며, 몸의 중심을 앞으로 기울인다.

(2) "가"라는 동령에 제1동작으로 왼발을 앞으로 내디딤과 동시에 오른 팔을 앞으로, 왼팔을 뒤로하여 제1보를 내딛는다. 정지한 상태에서 큰걸음의 보폭을 유지하기 위해서 무릎과 발목을 곧게 펴 45° 들어 힘차게 내딛어야 하며 제2보부터는 자연스럽게 행진한다.

(3) 양팔은 앞으로 어깨높이(90°), 뒤로 30° 힘차게 흔든다. 이때 주먹은 차려자세와 동일하며, 손등이 위를 향하도록 하고 팔꿈치는 곧게 편다.

(4) 무장시에는 팔이 장구류에 걸리지 않도록 옆으로 약간 벌려서 흔들 수 있으며, 행사의 목적에 따라 팔 동작을 조정할 수 있다.

차려자세 제1동작 측면

2) 바른걸음에서 큰걸음

가) 구령 및 요령 : 구령은 "큰걸음으로 가"이며, 예령과 동령은 어느 발에 내려도 무방하다. "가"라는 동령에 바른걸음으로 1보 더 나간 후 다음 발부터 큰걸음을 실시한다.

3) 큰걸음에서 바른걸음

가) 구령 및 요령 : 구령은 "바른걸음으로 가"이며, 예령과 동령은 어느 발에 내려도 무방하다. "가"라는 동령에 큰걸음으로 1보 더 나간 후 다음 발부터 바른걸음을 실시한다.

4) 큰걸음에서 정지

가) 구령 및 요령 : 구령은 "제자리에 서"이며, 예령과 동령은 어느 발에 내려도 무방하다. "서"라는 동령에 1보 더 나간 후 뒷발을 최단거리로 앞발에 붙이면서 차려자세를 취한다. 큰걸음에서 바른걸음 또는 제자리걸음으로 전환한 후 정지할 수도 있다.

나. 뜀걸음

뜀걸음이란 신속하게 이동하기 위해서 뛰어가는 걸음으로 보조는 1분간에 180보, 보폭은 90cm 이상이다.

1) 정지에서 뜀걸음

가) 구 령 : "뛰어 가"

나) 요 령

(1) "뛰어"라는 예령에 양송은 주먹을 쥔 채 상박과 하박이 60°를 이루도록 전방으로 올리되, 상박은 겨드랑이에 밀착시켜야 하며, 체중을 양발의 앞꿈치로 옮기며 몸의 중심을 앞으로 기울이게 한다. 이때 '앗', '야' 등의 구호를 병행 실시할 수 있다.

(2) "가"라는 동령에 제1동작으로 왼발부터 뛰어나가는데, 이때 양팔은 앞・뒤로 자연스럽게 흔든다.

"뛰어" 측면 제1동작 측면

2) 바른걸음에서 뜀걸음

가) 구 령 : "뛰어 가" 이다. 예령과 동령은 어느 발에 내려도 무방하다.

나) 요 령

(1) "뛰어" 예령에 팔을 올리면서 "앗", "야" 등의 구호를 붙이며 "바른걸음"의 보조와 보폭으로 행진을 계속하되 팔은 흔들지 않는다.

(2) "가" 동령에 바른걸음 보폭으로 1보 더 내딛고 다음 발부터 팔을 흔들면서 뛰어나간다.

3) 뜀걸음에서 바른걸음

가) 구 령 : 구령은 "바른걸음으로 가"이다. 예령과 동령은 어느 발에 내려도 무방하다.

나) 요 령 : 실시하는 요령은 "가"라는 동령에 뜀걸음으로 2보 더 나가면서 보폭과 속도를 줄이고, 제3보부터 팔을 펴고 바른걸음으로 행진한다.

4) 뜀걸음에서 제자리뛰기

가) 구 령 : "제자리뛰어 가"이다. 예령과 동령은 어느 발에 내려도 무방하다.

나) 요 령 : 실시하는 요령은 "가"라는 동령에 뜀걸음으로 2보 더 나가면서 보폭과 속도를 줄이고, 3보부터 제자리뛰기를 실시한다.

5) 정지에서 제자리뛰기

가) 구 령 : "제자리뛰어 가"

나) 요 령

(1) "제자리 뛰어" 예령에 정지에서 뜀걸음과 동일한 준비자세를 취한다.

(2) "가"라는 동령에 뜀걸음과 동일한 자세로 왼발부터 제자리에서 뛰며, 보소를 맞추기 위해서 발의 높이는 지면으로부터 10cm를 유지한다.

6) 제자리뛰기에서 뜀걸음

가) 구령 및 요령 : 구령은 "뛰어 가"이며, 예령과 동령은 어느 발에 내려도 무방하다.

(1) "가"라는 동령에 제자리뛰기를 1회 더 실시하고, 다음 발부터 뜀걸음 실시한다.

7) 뜀걸음에서 정지

가) 구 령 : 구령은 "제자리에 서"이며, 예령과 동령은 어느 발에 내려도 무방

나) 요 령

(1) 뜀걸음에서 정지 시 "서" 동령에 뜀걸음으로 2보 더 나가면서 속도(보조와 보폭)를 줄이고, 바른걸음으로 1보 더 나간 후 뒷발을 최단거리로 앞발에 붙이면서 차려자세를 취한다.

(2) 제자리뛰기에서 정지시 "서" 동령에 제자리뛰기로 1보 더 뛰고 올라가 있는 발과 뜀걸음 자세의 팔을 함께 내려 차려자세를 취한다.

(3) 뜀걸음에서 정지 시 제자리뛰기로 전환한 후 정지할 수도 있다.

라. 반 걸 음

반걸음은 바른걸음의 보조로 보폭 39~40cm로 행진하는 걸음으로 부대의 행진속도를 늦추어 부대간의 거리를 맞추거나, 행진 중 단위부대의 오와 열을 맞추기 위하여 실시하는 걸음이다.

1) 바른걸음에서 반걸음

가) 구 령 : "반걸음으로 가"

나) 요 령

(1) 예령과 동령은 어느 발에 내려도 무방하다.

(2) "가"라는 동령에 바른걸음으로 1보 나간 다음 보폭은 39~40cm로 행진한다.

(3) 팔은 바른걸음보다 작게 앞으로 30°, 뒤로 10°로 흔들며, 기타사항은 바른걸음시와 동일하다.

2) 반걸음에서 바른걸음

가) 구 령 : "바른걸음으로 가"

나) 요 령

(1) 예령과 동령은 어느 발에 내려도 무방하다.

(2) "가"라는 동령에 반걸음으로 1보 더 걷고 다음 발부터 바른걸음으로 행진한다.

3) 반걸음에서 정지

가) 구 령 : "제자리에 서"

나) 요 령

(1) 예령과 동령은 어느 발에 내려도 무방하다.

(2) "서" 라는 동령에 반걸음으로 1보 더 나간 후 뒷발을 최단거리로 앞발에 붙이면서 "차려"자세를 취한다.

(3) 반걸음에서 제자리걸음으로 전환한 후 정지할 수도 있다.

마. 옆 걸 음

옆걸음은 정지 또는 행진시 부대를 오른쪽이나 왼쪽으로 10보 이내의 단거리 이동시키기 위해 실시하는 걸음으로 보조는 1분에 60보, 보폭은 30cm로 실시한다.

1) 정지에서 우(좌) 옆걸음

가) 구 령 : 구령은 "우(좌)로 가"이며, 걸음수 한정시에는 "우(좌)로 ○보 가"라고 구령한다.

나) 요 령

(1) "가"라는 동령에 제1동작으로 오른(왼)발을 옆으로 30cm 곧게 벌린다.

(2) 제2동작에 고정되었던 반대쪽 발을 약간 들어 절도있게 가져다 붙인다.

(3) 이동이 계속될 경우 고개는 이동방향을 계속 바라보고, 마지막 정지시 정면으로 돌린다.

(4) 걸음수를 한정하지 않았을 경우에는 별도명령이 있을 때까지 반복하며, 걸음수 한정시에는 지정된 걸음을 간 다음 자동적으로 정지한다. 걸음수를 한정하는 경우가 많으며, 양발 뒷꿈치가 닿을 때 "하나", "둘" 등의 번호를 붙일 수 있다.

(5) 옆걸음 간에는 이동방향으로 고개를 돌려 확인하고, 팔은 흔들지 않는다.

2) 바른걸음에서 옆걸음

가) 구 령 : 구령은 "우(좌)로 가"이며, 걸음수 한정시에는 "우(좌)로 ○보 가"라고 구령한다. 구령은 가고자 하는 방향의 반대발에 내린다.

나) 요 령 : 실시하는 요령은 "가" 동령에 바른걸음으로 1보 더 나간 다음 뒷발을 최단거리로 앞발에 붙여서 정지하고, 그 후 옆걸음 방향 쪽의 발부터 "정지에서 옆걸음"과 같은 요령으로 행진한다.

3) 옆걸음에서 바른걸음

가) 구 령 : 구령은 "앞으로 가"이다. 예령과 동령은 두 발이 모아지는 순간에 내린다.

나) 요 령 : 실시하는 요령은 "가" 동령에 옆걸음으로 1보 더 나간 다음 반대쪽 발을 붙여서 정지하고, 그 후 옆걸음 방향의 발을 내딛으면서 바른걸음으로 행진한다.

4) 옆걸음에서 정지

가) 구령 및 요령 : 구령은 "제자리에 서"이며, 예령과 동령은 양발이 모아지는 순간 내리고, "시"라는 동령에 옆걸음으로 1보 더 나간 후 반대편 발을 최단거리로 붙이면서 "차려" 자세를 취한다.

바. 뒷 걸 음

뒷걸음은 정지한 상태에서 뒤로 걷게 하는 걸음으로 보조는 1분에 60보, 보폭은 30cm이다.

1) 구 령 : 구령은 "뒤로 가"이며, 걸음 수 한정시에는 "뒤로 ○보 가"라고 구령한다.

2) 요 령

가) "가"라는 동령에 왼발부터 뒤로 30cm 내딛고 행진한다.

나) 걸음 수를 한정하지 않았을 경우에는 별도 명령이 있을 때까지 행진을 계속하고, 걸음수 한정시에는 지정된 걸음수를 간 다음 자동적으로 정지하며, 각 동작을 좀 더 질서있게 하기 위하여 "하나", "둘" 등의 번호를 붙일 수 있다.

다) 팔은 차려자세와 동일하게 유지하고 고개를 돌려서는 안 된다.

사. 제자리걸음

제자리걸음은 정지 또는 행진간에 대열을 정비하거나 부대간의 거리를 조정할 목적으로 실시하는 걸음으로 보조는 1분에 120보를 유지하고 앞으로 전진하지 않고 제자리에서 걷는 걸음이다. 단, 선두를 제외한 인원은 대열의 정비 및 부대간의 거리가 조정된 후 제자리걸음을 실시한다.

1) 정지에서 제자리걸음

가) 구 령 : "제자리걸어 가"

나) 요 령 : 실시하는 요령은 "가"라는 동령에 왼발부터 시작하여 무릎을 자연스럽게 굽혀 위로 올려 제1동작을 취한 다음 왼발과 오른발을 교차하여 오르내리며, 팔은 바른걸음에서와 같이 흔든다. 이때 양 발은 동일선상에서 움직이되 발의 높이는 지면으로부터 10cm를 유지한다.

2) 바른걸음에서 제자리걸음

가) 구령 및 요령 : 구령은 "제자리걸어 가"이며, "가"라는 동령에 바른걸음으로 1보 더 나간다음 발부터 제자리걸음을 계속한다. 기타 요령은 정지에서의 제자리걸음과 같다. 이때 예령과 동령은 어느 발에 내려도 무방하다.

3) 제자리걸음에서 바른걸음

가) 구령 및 요령 : 구령은 "앞으로 가"이며, "가"라는 동령에 1보 더 걷고 다음 발부터 바른걸음으로 행진한다. 이때 예령과 동령은 어느 발에 내려도 무방하다. 행진간 제1보는 바른걸음으로 자연스럽게 이어서 행진한다.

4) 제자리걸음에서 정지

가) 구령 및 요령 : 구령은 "제자리에 서"이며, 예령과 동령은 어느 발에 내려도 무방하며, "서"라는 동령에 제자리걸음으로 1보 더 걸은 후 올라가 있는 발과 바른걸음자세의 팔을 함께 내려 "차려"자세를 취한다.

아. 제걸음과 길걸음

제걸음과 길걸음은 대형을 이루고 행진하는 부대가 상호간의 발을 맞출 필요가 없거나 제한될 경우에 실시한다.

1) 제 걸 음

가) 구 령 : 구령은 "제걸음으로 가"이다. 예령과 동령은 어느 발에 내려도 무방하다.

나) 요 령 : 실시요령은 "가"라는 동령에 부대가 형성한 대형의 개인 간 거리와 간격은 정확하게 유지하되, 발은 맞추지 않아도 되고 보조와 보폭은 개인에 따라 다를 수 있으나 대화를 할 수 없다.

2) 길 걸 음

가) 구 령 : 구령은 "길걸음으로 가"이다. 예령과 동령은 어느 발에 내려도 무방하다.

나) 요 령 : 실시하는 요령은 제걸음과 같으나, 행진 중에 다른 사람과 대화를 할 수 있고, 행진로 사정에 따라 개인 간 거리와 간격을 유지하지 않을 수도 있다.

3) 길걸음 또는 제걸음에서 바른걸음

가) 구 령 : 구령은 "바른걸음으로 가"이며, 예령과 동령은 어느 발에 내려도 무방하다.

나) 요 령 : 실시하는 요령은 "바른걸음으로 가"라는 구령에 전원 발을 맞춰 행진하며, 길걸음의 경우는 담화를 즉시 중단해야 한다. 이때 보조를 맞추는 시간을 단축하기 위하여 지휘자가 번호를 붙이거나 부대원에게 "번호붙여 가"를 명하는 것이 좋다.

4) 제걸음 또는 길걸음에서 정지

가) 구령 및 요령 : 구령은 "제자리에 서"이며, 예령과 동령은 어느 발에 내려도 무방하다. "서" 동령에 1보 더 걸은 후 뒷발을 최단거리로 붙이면서 차려자세를 취한다.

자. 걸음 변경

대형 안에 있는 개인이 다른 사람과 발이 다르거나, 단위부대 전체가 다른 부대와 발이 다를 경우에 발을 맞추기 위해 사용하는 동작으로 지휘자 구령 없이 각 개인이 실시할 수 도 있으며, 다른 사람이 바른걸음 2보 행진하는 구간을 3보로 이동하는 방법이다.

1) 구 령 : 구령은 "걸음바꿔 가"이다. 예령과 동령은 어느 발에 내려도 무방하다.

2) 요 령

가) "가"라는 동령이 오른발에 내려지면 제1동작으로 왼발을 1보 더 내딛는다. 2동작으로 오른발을 왼발 옆에 붙임과 동시에 왼발을 전방으로 내딛으면서 바른걸음으로 행진한다.

나) 동령이 왼발에 내려지면 발만 바꾸어서 동일한 요령으로 실시한다.

다) 이상의 동작은 2호간에 실시하여야 한다.

라) 몸이 상·하로 과도하게 흔들리지 않아야 하고, 양 발이 모아지는 순간에는 양팔이 몸에서 떨어지지 않아야 한다.

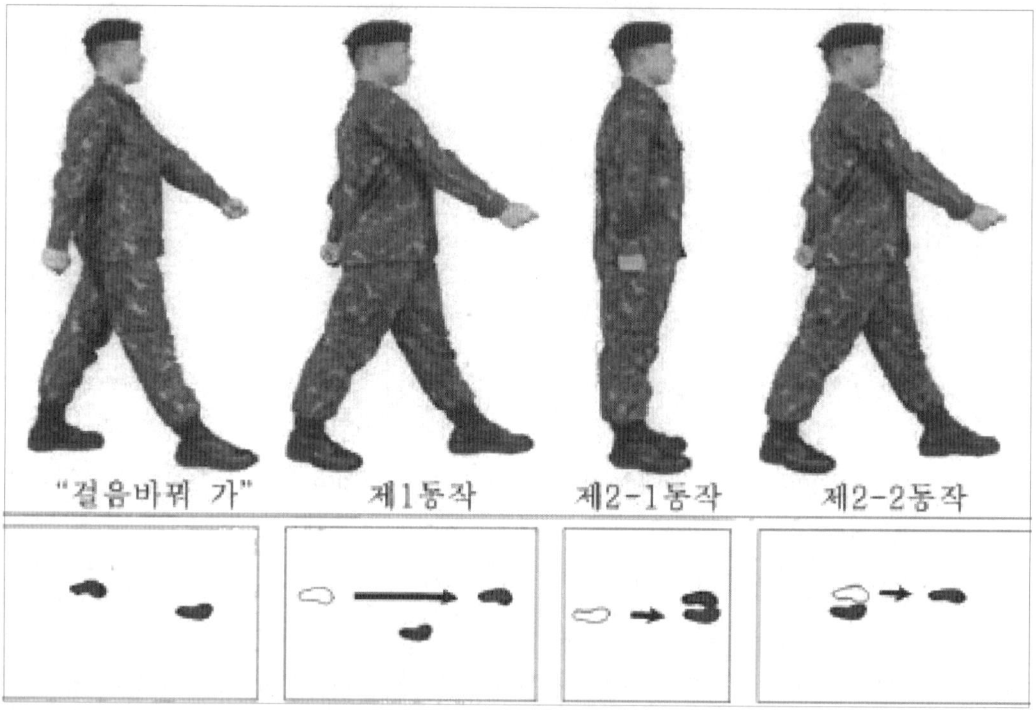

차. 정지에서 방향전환 행진

> 차려자세에서 좌측이나 우측, 또는 뒤로 신속하게 방향을 전환한 후 바른걸음으로 행진하는 동작으로 하나의 구령에 방향전환과 행진을 연속해서 실시한다.

1) 정지에서 좌향앞으로 가

가) 구 령 : "좌향앞으로 가"

나) 요 령

(1) "가"라는 동령에 제1동작으로 왼발 뒤꿈치와 오른발 앞 끝을 축으로 하여 왼쪽으로 90° 돈다.

(2) 제2동작으로 90° 돌아선 새로운 방향으로 오른발을 1보 내딛으며 행진한다.

(3) 우방향으로 가는 경우에는 발만 바꾸어서 동일한 요령으로 실시한다.

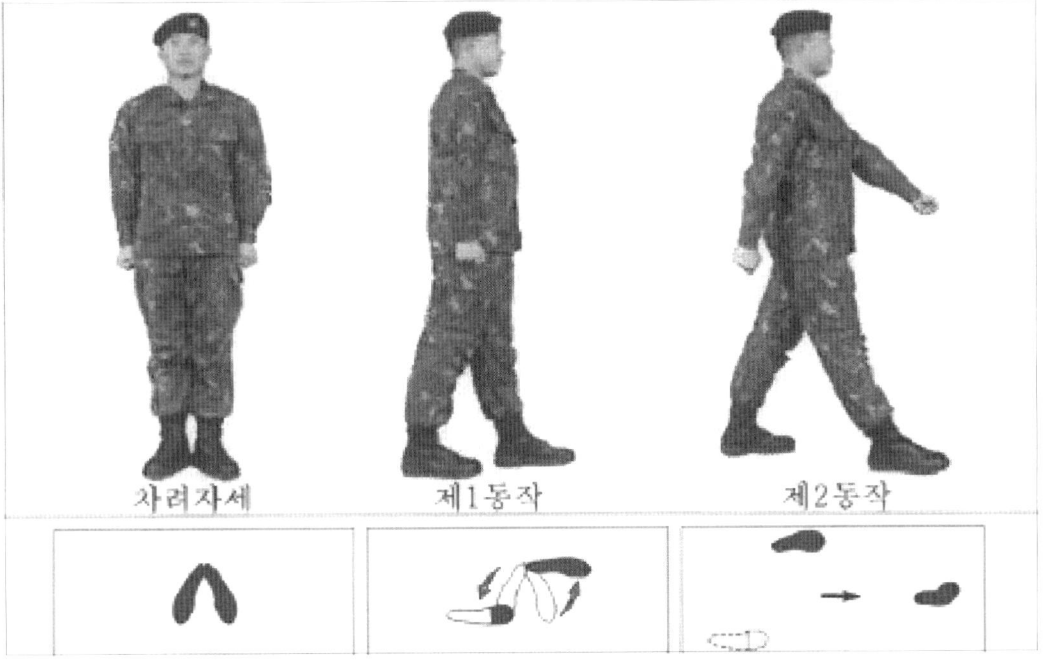

2) 반좌향앞으로 가

가) 구령 및 요령 : 구령은 "반좌향앞으로 가"이고 실시요령은 좌향앞으로 가 동작과 동일하나 방향전환하는 각도가 45°인 것이 다르다.

(1) 반우향앞으로 가는 경우에는 발만 바꾸어서 동일한 요령으로 실시한다.

3) 정지에서 뒤로돌아 가

가) 구 령 : "뒤로돌아 가"

나) 요 령

(1) "가"라는 동령에 제1동작으로 왼발을 오른발의 연장선 앞 반걸음 지점에 놓는다.

(2) 제2동작으로 양 발의 앞꿈치를 축으로 하여 오른쪽으로 180° 돈다.

(3) 제3동작으로 뒤에 있는 왼발을 내딛으면서 행진한다.

(4) 뒤로 도는 순간 팔이 몸으로부터 떨어지지 않아야 하고, 상체를 흔들지 말아야 한다.

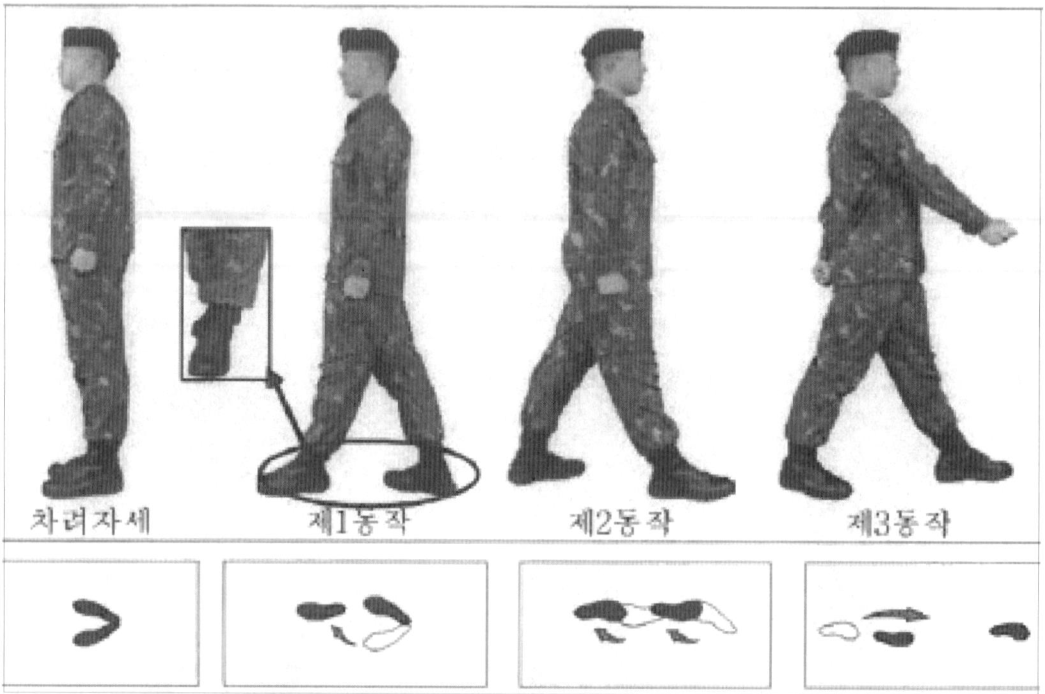

카. 행진간에 방향전환(뜀걸음 포함)

행진 중에 좌측이나 우측, 또는 뒤로 신속하게 방향을 전환한 후 새로운 방향으로 행진하는 동작으로 우(좌)향 앞으로 가, 뒤로돌아 가 등이 있다.
이 동작은 "바른걸음, 뜀걸음"에서만 실시할 수 있다.

1) 바른걸음에서 좌향앞으로 가

가) 구 령 : 구령은 "좌향앞으로 가"이며, 예령과 동령은 전환하고자 하는 방향의 발에 내린다.

나) 요 령

(1) "좌향앞으로 가" 구령에 제1동작으로 오른발의 보폭을 줄여서 반걸음 더 내딛는다.

(2) 제2동작으로 내딛은 오른발 앞꿈치를 축으로 하여 왼쪽으로 90° 돌아서면서 새로운 방향으로 왼발을 힘차게 제1보를 내딛는다.

(3) 제3동작으로 뒤에 있는 오른발을 내딛으면서 행진한다.

(4) 예령과 동령이 오른발에 내려지면 왼발로 1보 더 나간 후 제1동작을 취한다.

(5) 우향앞으로 가는 경우에는 발만 바꾸어서 동일한 요령으로 실시한다.

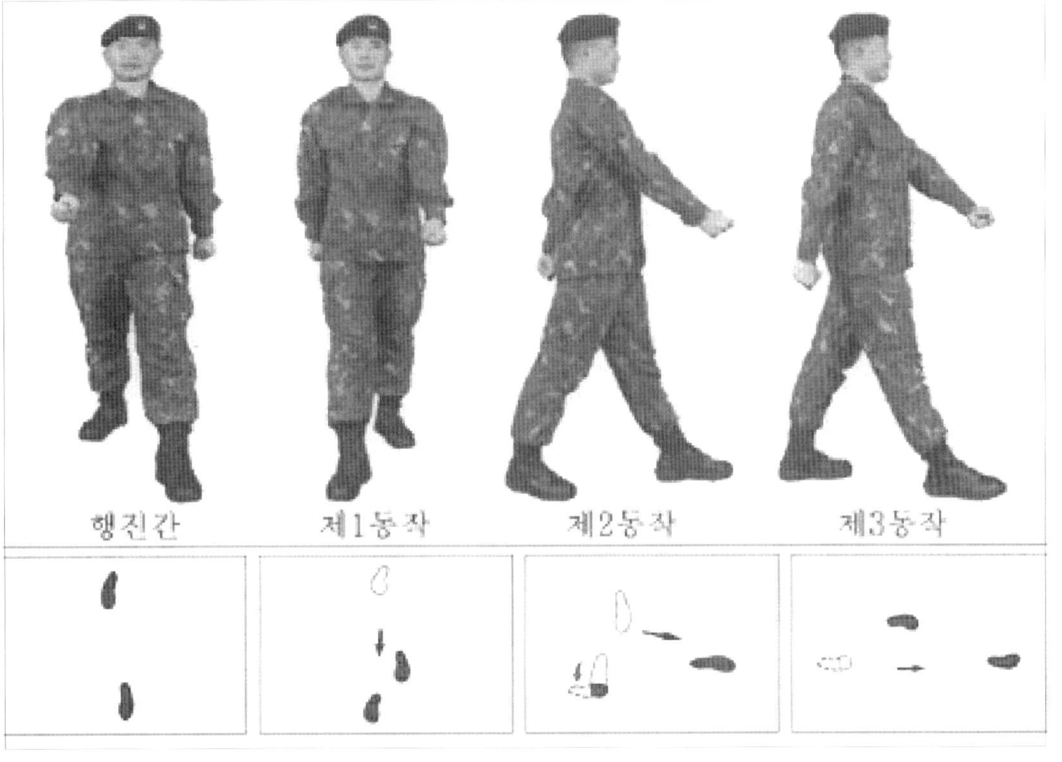

2) 바른걸음에서 뒤로돌아 가

가) 구 령 : 구령은 "뒤로돌아 가"이며, 예령과 동령은 오른발에 내린다.

나) 요 령

(1) 제1동작으로 왼발을 오른발의 연장선 앞 반걸음 지점에 내딛고 전진을 중지한다.

(2) 제2동작으로 정지된 상태에서 양 발의 앞꿈치를 축으로 하여 엉덩이에 힘을 주어 오른쪽으로 180° 돈다. 이때 양 팔은 몸의 측면에 붙인다.

(3) 제3동작으로 180° 돌아선 새로운 방향으로 뒤에 있는 왼발을 내딛으면서 행진한다.

(4) 지휘자가 예령과 동령을 왼발에 내리면 오른발로 1보 더 나간 후 제1동작을 취한다.

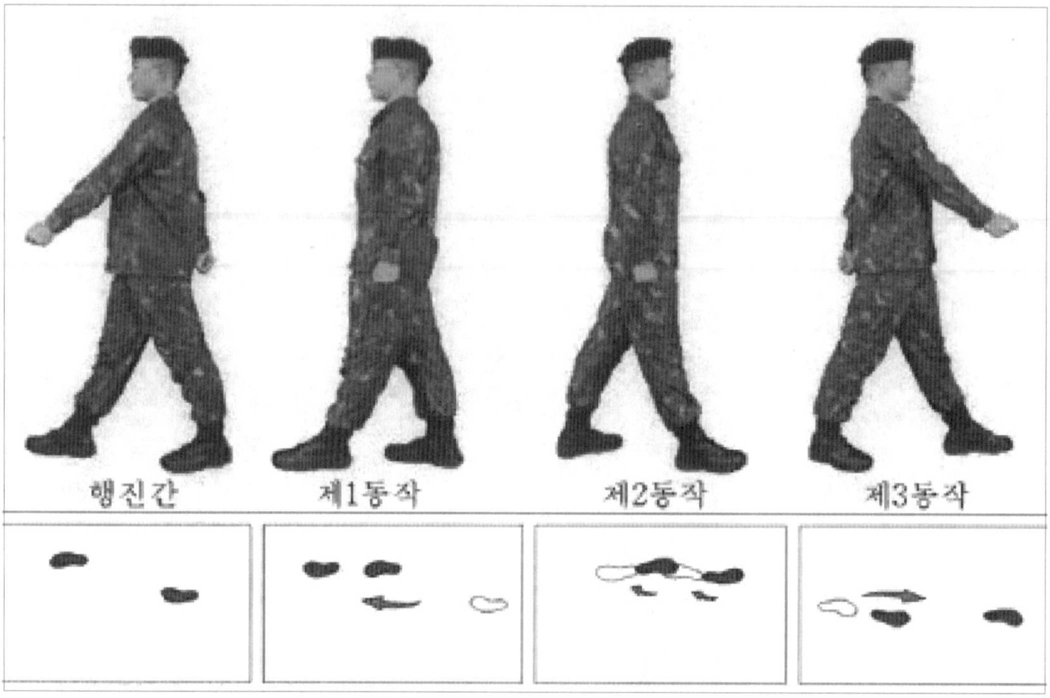

3) 뜀걸음에서 좌향앞으로 가

가) 구 령 : 구령은 "좌향앞으로 가"이며, 예령과 동령은 전환하고자 하는 방향의 발에 내린다.

나) 요 령

(1) "좌향앞으로 가" 구령에 제1동작으로 뜀걸음 형태로 5보를 더 나아가면서 속도를 점진적으로 줄인다.

(2) 제2동작으로 5보 째 내딛은 오른발 앞꿈치를 축으로 하여 왼쪽으로 90° 돈다. 이때 양 팔은 뜀걸음 준비 자세와 동일하게 유지한 상태로 상박을 몸의 측면에 붙인다.

(3) 제3동작으로 90° 돌아선 새로운 방향으로 왼발을 힘차게 제1보를 내딛은 후 행진한다.

(4) 예령과 동령이 오른발에 내려지면 6보를 더 나간 후 제2동작을 취한다.

(5) 우향앞으로 가는 경우에는 발만 바꾸어서 동일한 요령으로 실시한다.

4) 뜀걸음에서 뒤로돌아 가

가) 구 령 : "뒤로돌아 가"

나) 요 령

(1) 제1동작으로 "가" 동령에 뜀걸음 형태로 5보를 더 나아가면서 속도를 점진적으로 줄인다. 5보째 왼발은 오른발의 연상선 앞 반걸음 지점에 내딛고 전진을 중지한다.

(2) 제2동작으로 5보째 내딛은 왼발 앞꿈치를 축으로 하여 오른쪽으로 180° 돈다. 이때 양팔은 뜀걸음 준비자세와 동일하게 유지한 상태로 상박을 몸의 측면에 붙인다.

(3) 제3동작으로 180° 돌아선 새로운 방향으로 뒤에 있는 왼발을 내딛으면 서 행진한다.

(4) 지휘자가 예령과 동령을 왼발에 내리면 6보를 더 나간 후 제2동작을 취한다.

타. 행진간 방향전환시 유의사항

1) 행진간에 방향을 전환하는 동작은 보조에 많은 영향을 끼치므로 지휘자는 구령을 정확한 시기에 내려야 한다.

2) 예령과 동령은 왼쪽으로 전환할 경우에는 왼발에, 오른쪽으로 전환하거나 뒤로돌기를 할 경우에는 오른발에 내려야 한다. 단, 다른 발에 예령과 동령이 내려지면 1보 더 나간 다음 방향을 전환하면 된다.

3) 행진간에 방향을 전환하는 경우 원심력에 의해 팔이 몸 바깥쪽으로 돌아가는 현상이 발생하므로, 방향을 전환하는 순간에 팔이 몸에서 떨어지지 않도록 몸의 측면에 붙여야 한다. 방향전환이 완료된 후 첫 발을 내딛을 때 걸음에 맞게 팔을 흔들어야 한다.

4) 방향을 전환하는 순간 무의식적으로 머리를 숙이고, 허리를 굽혀 엉덩이를 뒤로 빼며, 무릎을 굽혀 몸이 상 · 하로 흔들리는 경향이 있으므로 몸을 곧게 세우고 바른자세를 유지해야 한다.

5) 방향전환 후 내딛는 첫발의 보폭이 바른걸음 보폭보다 좁으면 대형이 흐트러지지기 때문에 바른걸음 제1보와 동일하게 걸어서 정확한 보폭을 유지해야 한다.

파. 행진간에 방향전환 정지

행진하는 중에 좌측이나 우측, 또는 뒤로 신속하게 방향을 전환한 후 새로운 방향에서 정지하는 동작으로 우(좌)향앞으로 서, 뒤로돌아 서 등이 있으며, 이 동작은 바른걸음·반걸음에서만 실시할 수 있다. 방향을 전환하는 요령은 행진간 방향전환과 동일하다.

1) 좌향앞으로 서

가) 구 령 : 구령은 "좌향앞으로 서"이다. 예령과 동령은 전환하고자 하는 방향의 발에 내린다.

나) 요 령

(1) "좌향앞으로 서" 구령에 제1동작으로 오른발의 보폭을 줄여서 반걸음 더 내딛는다.

(2) 제2동작으로 내딛은 오른발 앞꿈치를 축으로 하여 왼쪽으로 90° 돈다. 이때 양팔은 몸의 측면에 붙인다.

(3) 제3동작으로 90° 돌아선 새로운 방향으로 왼발을 힘차게 제1보를 내딛는다.

(4) 제4동작으로 뒤에 있는 오른발을 최단거리로 왼발에 붙여 차려자세를 취한다.

(5) 예령과 동령이 오른발에 내려지면 왼발로 1보 더 나간 후 제 1동작을 취한다.

(6) 우향앞으로 서는 경우에는 발만 바꾸어서 동일한 요령으로 실시한다.

2) 행진간 뒤로돌아 서

가) 구 령 : 구령은 "뒤로돌아 서"이다. 예령과 동령은 오른발에 내린다.

나) 요 령

(1) 제1동작으로 왼발을 오른발의 연장선 앞 반걸음 지점에 내딛고 전진을 중지한다.

(2) 제2동작으로 정지된 상태에서 양 발의 앞꿈치를 축으로 하여 엉덩이에 힘을 주어 오른쪽으로 180° 돈다. 이때 양 팔은 몸의 측면에 붙인다.

(3) 제3동작으로 180° 돌아선 새로운 방향으로 뒤에 있는 왼발을 내딛는다.

(4) 제4동작으로 뒤에 있는 오른발을 최단거리로 왼발에 붙여 차려자세를 취한다.

(5) 예령과 동령이 왼발에 내려지면 오른발로 1보 더 나간 후 제1동작을 취한다.

하. 번호붙여 가

1) 모든 행진 및 뜀걸음간 부대원의 발을 신속하게 맞추기 위해 실시하는 것으로 지휘자가 직접 번호를 붙이거나, 부대원에게 번호 또는 구호를 붙이도록 지시할 수 있다.

가) 구 령 : 구령은 "번호(구호)붙여 가" 이며, 예령과 동령은 어느 발에 내려도 무방하다.

나) 요 령

(1) "번호(구호)붙여 가" 구령이 왼발에 내려지면 모든 인원은 왼발부터 번호를 붙인다.

(2) 번호는 "하나, 둘, 셋, 넷"을 연속 4회를 붙인다. 처음 1회는 4호간에, 다음 1회는 2호간에 왼발에만 붙이고, 나머지 2회는 1호간에 왼발과 오른발 번갈아가며 붙인다.

(3) 예령과 동령이 오른발에 내려지면 번호를 붙이는 발만 바꾸어서 동일한 요령으로 실시한다.

(4) 구호는 부대의 특성과 시행 목적에 따라 지휘관(자)에 의해 지정하여 시행할 수 있다.

제4절 총기휴대 제식

1. K2소총 휴대 제식

가. 기본 행동요령

(1) K2소총의 총기휴대시 기본 휴대자세는 '우로어깨걸어총' 자세이다.
(2) 소총 및 멜빵을 잡지 않은 다른 손은 맨손 제식과 같은 동작을 취한다.
(3) 제식훈련 간 탄알집은 통상 소총에서 제거한다.
(4) 정지간의 모든 제식동작은 '세워총' 자세에서 시작된다.
(5) 총기를 휴대하고 집합할 때와 해산할 때는 '검사총'을 실시함을 원칙으로 한다.
(6) 세워총 자세에서 방향전환, 정렬, 단거리를 이동하는 거리 및 간격 좁히기와 넓히기, 옆걸음, 뒷걸음 등은 동령과 동시에 허리에총 자세로 전환했다가 동작이 끝나면 자동적으로 세워총 자세로 돌아온다.
(7) 총기휴대 제식에서 동작전환의 속도는 1초에 2개 동작을 실시하는 속도인 1호간에 1개 동작을 유지하고, 속도를 조절하며 정확한 동작을 숙달시키기 위해 동작마다 번호를 붙여 실시할 수 있다.

나. 세 워 총

세워총은 총기휴대시 취하는 차려자세로써 총기를 지면에 세워서 휴대하는 자세이다.

1) 구 령 : "세워 총"

2) 요 령

가) 차려자세에서 오른손으로 가늠쇠뭉치를 잡고 탄알집꽂이 홈이 전방을 향하도록 총을 수직으로 세운다.

나) 개머리판 앞 끝을 오른발 새끼발가락 끝 부분에 위치하도록 한다.

다) 오른손은 손가락을 모아 펴서 엄지손가락과 나머지 손가락이 'ㄷ'자 형태가 되도록 총열과 가늠쇠뭉치부분을 가볍게 잡는다.

라) 오른팔꿈치는 옆구리에 붙이고, 엄지손가락은 하의 재봉선에 밀착한다.

마) 개인의 신장에 따라 어깨가 올라가거나 내려가지 않아야 하고, 팔이 긴 사람은 자연스럽게 팔을 약간 굽혀도 되며, 팔이 짧은 사람은 총열이나 소염기를 잡을 수 있다.

바) 맨손 제식의 차려자세와 동일하게 움직이거나 말을 할 수 없다.

다. 열중쉬어

구성단위가 대형을 갖춘 상태에서 세워총 자세로 장시간 유지할 경우 피로의 누적을 방지하고 긴장을 완화시키는데 있다.

1) 구 령 : "열중 쉬어"

2) 요 령

가) 오른발은 세워총 사세와 동일한 상태를 유지하고, 나머지 동작은 맨손 제식의 열중쉬어 와 동일하며, 허리띠에 올리는 왼손 엄지손가락은 나머지 손가락에 붙인다.

나) 부동자세의 연속으로 움직이거나 말을 할 수 없다.

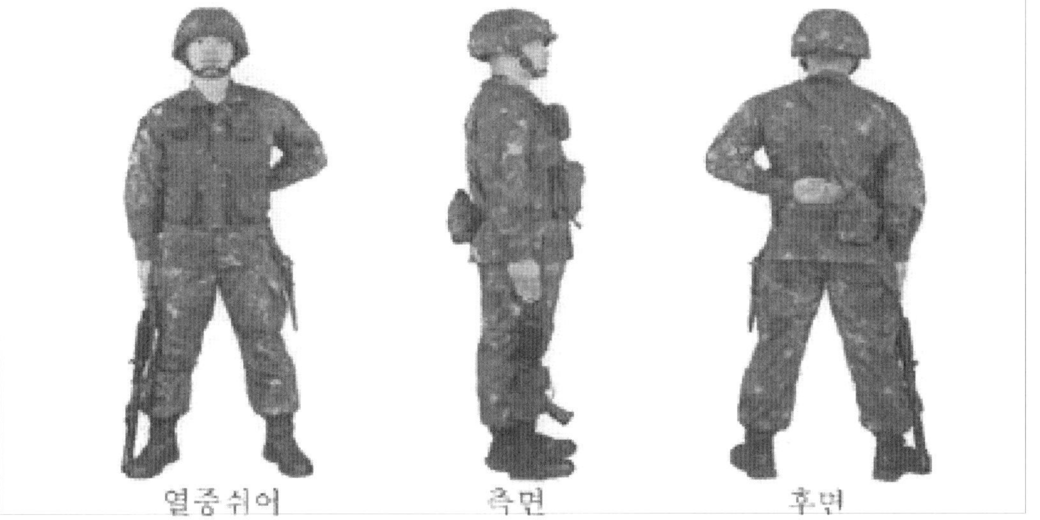

열중쉬어 측면 후면

라. 쉬어

1) 쉬어 자세의 실시 목적은 맨손 제식과 동일하다.

가) 구 령 : "쉬어"

나) 요 령

(1) 개머리판은 세워총 시의 위치에 그대로 고정시킨다.

(2) 오른발은 움직이지 않고, 왼발과 상체 및 양팔을 가볍게 움직일 수 있으며, 다른 사람과 대화를 할 수 없다.

(3) 쉬어는 열중쉬어 자세에서만 실시한다.

마. 편히쉬어

1) 편히쉬어 자세의 실시 목적은 맨손 제식과 동일하다.

가) 구 령 : "편히쉬어"

나) 요 령

(1) 모든 동작은 쉬어 자세와 동일하나, 작은 소리로 대화할 수 있다.

(2) 편히쉬어는 열중쉬어, 쉬어 자세에서 실시할 수 있다.

2) 차려자세로 복귀

가) 모든 쉬어 자세에서 차려 및 세워총 자세로 복귀하는 동작이다.

나) 구 령 : 구령은 "차려"이다. 단, 예령을 내릴 경우 '구령의 구성'을 적용한다.

다) 요 령 : "부대" 또는 "분 · 소 · 중대 등" 예령에 신속하게 열중쉬어 자세를 취하고, "차렷" 동령에 세워총 자세로 복귀한다. 쉬어 또는 편히쉬어 자세에서는 "동작그만"이라는 구령으로 열중쉬어 자세로 복귀시킨 후 동령을 내릴 수 있다.

바. 앉 아

1) 앉아 자세의 시기와 목적, 실시요령, 유의사항은 맨손 제식과 동일하나, 소총을 휴대하는 방법만 다르다.

2) 세워총 자세에서 무릎앉아

가) 구 령 : "무릎 앉아"

나) 요 령

(1) 제1동작으로 소총의 개머리판을 오른발 앞 끝으로 이동시킨다.

(2) 제2동작으로 오른발을 1족장 뒤로 뺀다.

(3) 제3동작으로 무릎앉아 자세를 취하면서 오른손으로 소총의 덮개를 잡고 상박을 겨드랑이에 밀착시킨다.

(4) 총기는 탄알집꽂이홈이 전방을 향하고, 전방에서 보았을 때 지면과 수직상태를 유지한다.

(5) 맨손제식의 무릎앉아 자세와 동일하게 움직이거나 말을 할 수 없다.

(6) 무릎앉아 자세는 부동자세로 필요하지 않을 경우에는 쉬어 또는 편히쉬어 동작을 취하거나 일어서서 필요한 동작을 취하도록 통제하여야 한다.

(7) "쉬어"라는 구령에 총을 시계 반대방향으로 90° 틀어 손잡이가 왼쪽을 향하게 하여 오른쪽 어깨에 총을 기대어 놓고, 이때 상체와 양팔을 가볍게 움직일 수 있다. "편히쉬어" 구령에 지면에 댄 무릎을 바꿀 수 있고, 총기의 위치를 바꿔 왼쪽 어깨에 기댈 수 있으며, 작은 목소리로 대화를 할 수 있다.

(8) 쉬어, 편히쉬어 자세에서 "앉은채로 차렷" 구령에 무릎앉아 자세로 복귀한다.

3) 우로어깨걸어총에서 무릎 앉아

가) 구 령 : "무릎 앉아"

나) 요 령

(1) 제1 · 2동작은 맨손 제식에서 무릎앉아와 동일하다.

(2) 이때 오른손은 총을 어깨에 맨 채로 멜빵을 잡고, 왼팔 상박은 겨드랑이에 붙이며, 주먹은 무릎 위에 가볍게 올려놓는다.

(3) 쉬어, 편히쉬어와 동일하다.

4) 무릎앉아에서 일어서기

가) 구 령 : "일어 서"

나) 요 령

(1) 제1동작으로 오른손은 가늠쇠뭉치 위로 옮겨 잡고 양무릎을 펴서 일어선다.

(2) 제2동작으로 오른발을 왼발에 붙이면서 차려자세를 취한다.

(3) 제3동작으로 총기를 이동시켜 세워총자세를 취한다.

5) 제자리 앉아

가) 구 령 : "제자리 앉아"

나) 요 령

(1) 무릎앉아 자세에서 제자리 앉아는 제1동작으로 오른무릎을 약간 들고 일어서면서 오른발을 왼발 앞으로 꼬아 양반자세로 앉는다. 제2동작으로 소총의 개

머리판이 오른무릎 옆에 위치하도록 옮겨 수직으로 세우고, 오른손으로 소총의 덮개를 잡는다.

(2) 세워총 자세에서 제자리 앉아는 제1동작으로 소총의 개머리판을 오른발 앞으로부터 10cm 지점에 옮겨놓는다. 제2동작으로 오른발을 왼발 앞으로 꼬아 양반자세로 앉는다. 제3동작으로 소총의 개머리판이 오른무릎 옆에 위치하도록 옮겨 수직으로 세우고, 오른손으로 소총의 덮개를 잡는다.

(3) "쉬어" 구령에 총기의 개머리판을 오른무릎 앞으로 옮긴 후 총열 덮개 부분을 오른쪽 어깨에 기대어 놓는다. 상체 및 양팔을 가볍게 움직일 수 있으나, 다른 사람과 말을 할 수는 없다.

(4) "편히쉬어" 구령에 양발을 바꾸거나 다리를 전방으로 뻗을 수 있고, 손을 뒤로 짚는 등 편하게 동작을 취할 수 있으며, 대형 안에서 다른 사람과 작은 목소리로 대화를 할 수 있다.

(5) 쉬어, 편히쉬어 자세에서 "앉은채로 차려" 구령에 제자리 앉아 자세로 복귀한다.

6) 제자리 앉아에서 일어서기

가) 구 령 : "일어 서"

나) 요 령

(1) 제1동작으로 오른손은 가늠쇠뭉치를 잡고 왼손을 좌후방으로 짚은 후 반동을 이용해 신속히 일어서는 것과 동시에 꼬아진 오른발을 풀어 왼발에 붙이며, 차려자세를 취한다.

(2) 제2동작으로 총기를 이동시켜 세워총 자세를 취한다.

사. 허리에총

허리에총은 대형을 갖춘 부대나 개인이 방향전환 또는 10보 이내 단거리 이동시 취하는 자세이다.

1) 세워총에서 허리에총

가) 구 령 : "허리에 총"

나) 요 령

(1) 오른손 엄지와 검지손가락은 총열과 가스통 사이에 밀착시키고, 나머지 손가락으로 가늠쇠뭉치를 감싸 쥔 후 엄지손가락이 허리띠에 위치하도록 총기를 들어 올린다.

(2) 소총은 지면과 수직을 이루도록 하고, 오른 상박을 몸에 붙이고 오른 팔꿈치를 몸 쪽으로 당겨 팔꿈치가 정면에서 보이지 않도록 하며, 나머지 동작은 "차려"자세와 같다.

2) 허리에총에서 세워총

가) 구 령 : "세워 총"

나) 요 령

(1) 제1동작으로 오른팔을 펴 개머리판이 지면에서 3cm 정도가 될 때까지 총을 내린다.

(2) 제2동작으로 개머리판이 땅에 닿는 소리가 나지 않도록 조용히 총을 내려 놓으면서 세워총 자세를 취한다.

아. 앞에총

앞에총은 총기휴대 제식 시 차후동작을 위한 자세이다.

1) 세워총에서 앞에총

가) 구 령 : "앞에 총"

나) 요 령

(1) 제1동작으로 가늠쇠울이 왼쪽 눈앞에 위치하도록 소총을 들어올린다. 오른손은 허리에총 자세와 동일한 형태로 가늠쇠뭉치를 감싸 잡은 후 하박이 몸과 대각선이 되도록 비껴 올리고, 왼손으로 덮개 아랫부분 감싸 잡는다.

(2) 제2동작에 오른손을 놓은 후 총목을 잡으며, 양쪽 겨드랑이는 붙인다.

(3) 소총과 몸은 10cm 정도 떨어져야 하며, 총은 몸과 대각선이 되도록 하되 개머리판이 오른쪽 허벅다리, 소염기 끝부분이 왼쪽 어깨 밖으로 나가지 않도록 해야 한다.

세워총　　제1동작　　제2동작

2) 앞에총에서 세워총

가) 구 령 : "세워 총"

나) 요 령

(1) 제1동작에 총목을 잡은 오른손을 떼어 앞에총 제1동작과 같이 가늠쇠 뭉치를 잡는다.

(2) 제2동작으로 개머리판이 지면에서 3cm 정도가 될 때까지 총을 비껴 내리고, 오른손은 허리에총 자세와 동일한 형태로 가늠쇠뭉치를 감싸 잡으며, 왼손은 손가락을 한데모아 펴서 손바닥이 몸 쪽을 향하도록 하여 검지와 중지 손가락 끝마디를 소염기 아랫부분에 대어 총의 유동을 방지한다.

(3) 제3동작에 개머리판이 지면에 닿는 소리가 나지 않도록 조용히 총을 내림과 동시에 왼손을 원위치 시켜 세워총 자세를 취한다.

자. 우로어깨총, 좌로어깨총

> 우로어깨총은 단체행진 및 분열시 취하는 동작이고, 좌로어깨 총은 기수단 호위병 중 좌측에 있는 인원이 취하는 동작이다.

1) 세워총에서 우로어깨총

가) 구 령 : "우로어깨 총"

나) 요 령

(1) 제1동작으로 앞에총 제1동작과 같은 자세를 취한다.

(2) 제2동작으로 오른손으로 개머리판을 받쳐 잡는다. 검지손가락과 가운데 손가락 사이에 개머리판 모서리를 끼우고, 나머지 손가락으로 개머리판을 잡는다. 이때 총의 위치는 앞에총 자세와 동일하다.

(3) 제3동작으로 총을 시계 반대방향으로 90° 돌려 오른쪽 겨드랑이에 소총 손잡이를 끼우고 자연스럽게 어깨 앞부분에 밀착시킴과 동시에 왼쪽 하박은 지면과 수평이 되도록 손가락을 모아 펴서 손바닥은 몸 쪽을 향하게 하여, 검지 손가락 첫째마디가 개머리 접는 부분인 힌지를 눌러서 총의 유동을 방지한다.

(4) 제4동작으로 왼손을 내려 차려자세와 동일하게 위치시킨다. 이때 상박은 등 뒤로 약간 빼서 옆구리에 붙이며, 총은 앞에서 보아 수직, 옆에서 보아 80°가 되도록 한다.

2) 우로어깨총에서 세워총

가) 구 령 : "세워 총"

나) 요 령

(1) 제1동작으로 개머리판을 잡은 오른손은 약간 당기는 기분으로 반동을 주어 총이 반동으로 어깨에서 튀어나오게 함과 동시에 총을 시계 방향으로 90° 틀면서 내리고, 왼손으로 총의 중심부를 잡는다. 세워총에서 우로어깨 총 제2동작과 같은 자세가 되도록 한다.

(2) 이후 동작은 모두 3개 동작으로 앞에총에서 세워총 요령과 같다.

3) 세워총에서 좌로어깨총

가) 구 령 : "좌로어깨 총"

나) 요 령

(1) 제1 · 2동작으로 앞에총 자세를 취한다.

(2) 제3동작으로 총을 시계 반대방향으로 90° 돌려 왼쪽 겨드랑이에 소총 손잡이를 끼우고 자연스럽게 어깨 앞부분에 밀착시키고, 오른손은 총목을 잡은 채 하박이 지면과 수평이 되도록 하며, 왼손은 우로어깨총과 같은 방법으로 개머리판을 잡는다.

(3) 제4동작으로 오른손은 차려자세로 돌아간다. 이때 왼팔의 모양과 총의 각도는 우로어깨총시와 같다.

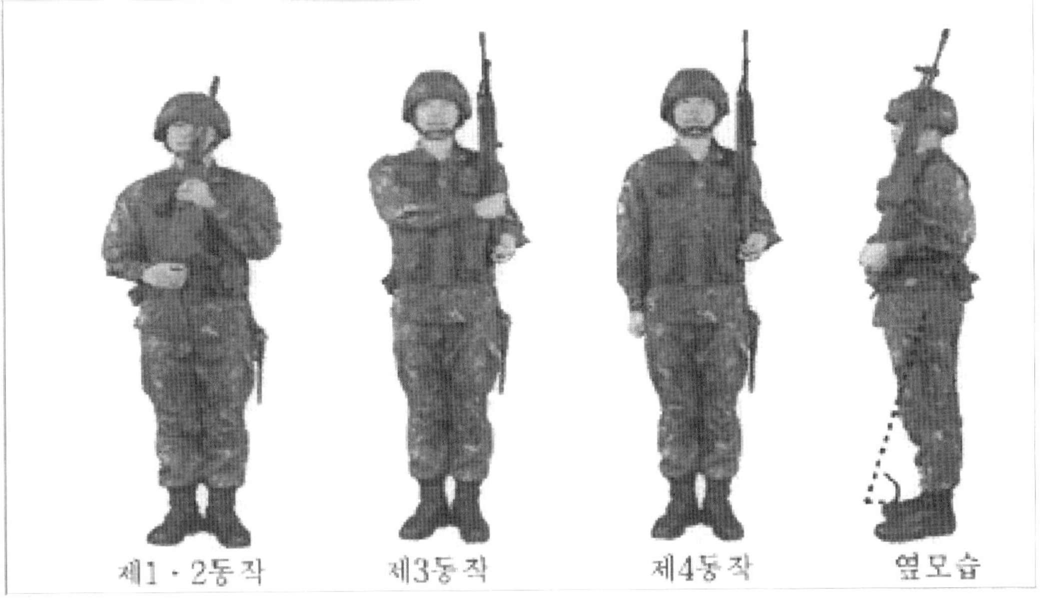

4) 좌로어깨총에서 세워총

가) 구 령 : "세워 총"

나) 요 령

(1) 제1동작에 오른팔을 비껴올려 총목을 잡으며, 이때 하박은 지면과 수평이 되도록 한다.

(2) 제2동작에 좌 · 우 양 팔에 힘을 같이 주고 소총을 몸 앞에 대각선으로 내림과 동시에 왼손으로 덮개 아랫부분을 잡아 앞에총 자세를 취한다.

(3) 이후 동작은 모두 3개 동작으로 앞에총에서 세워총 요령과 같다.

5) 우로어깨총에서 좌로어깨총

가) 제1동작으로 총을 비껴내려 우로어깨총에서 세워총 1동작과 같은 자세를 취한다.

나) 제2동작으로 오른손으로 총목을 잡아 앞에총 자세를 취한다.

다) 제3, 4동작으로 세워총에서 좌로어깨총 제3, 4동작을 취한다.

6) 좌로어깨총에서 우로어깨총

가) 제1, 2동작으로 좌로어깨총에서 세워총 제1, 2동작을 취해 앞에총 자세로 전환한다.

나) 제3동작으로 오른손으로 개머리판을 받쳐 잡는다.

다) 제4, 5동작으로 세워총에서 우로어깨총 제3, 4동작을 취한다.

차. 검 사 총

총기휴대 제식훈련 및 조총 의식시 약실 내부의 실탄 유무를 확인하여 안전사고를 예방할 목적으로 실시한다.

1) 세워총에서 검사총

가) 구 령 : "검사 총"

나) 요 령

(1) "검사"라는 예령에 먼저 1 · 2동작으로 앞에총 자세를 취한다.

(2) 제3동작으로 왼발을 좌측으로 30cm 벌리고, 총을 몸의 중앙에 지면과 45° 가 되도록 개머리판을 허리띠 위에 올려놓는다. 탄알집꽂이홈이 전방을 향해야 한다.

(3) 제4동작으로 오른손 손바닥이 하늘방향을 향하도록 하여 장전손잡이를 뒤로 잡아당기고, 왼손 엄지와 검지손가락으로 노리쇠멈치 윗부분을 당겨 노리쇠뭉치를 고정한다.

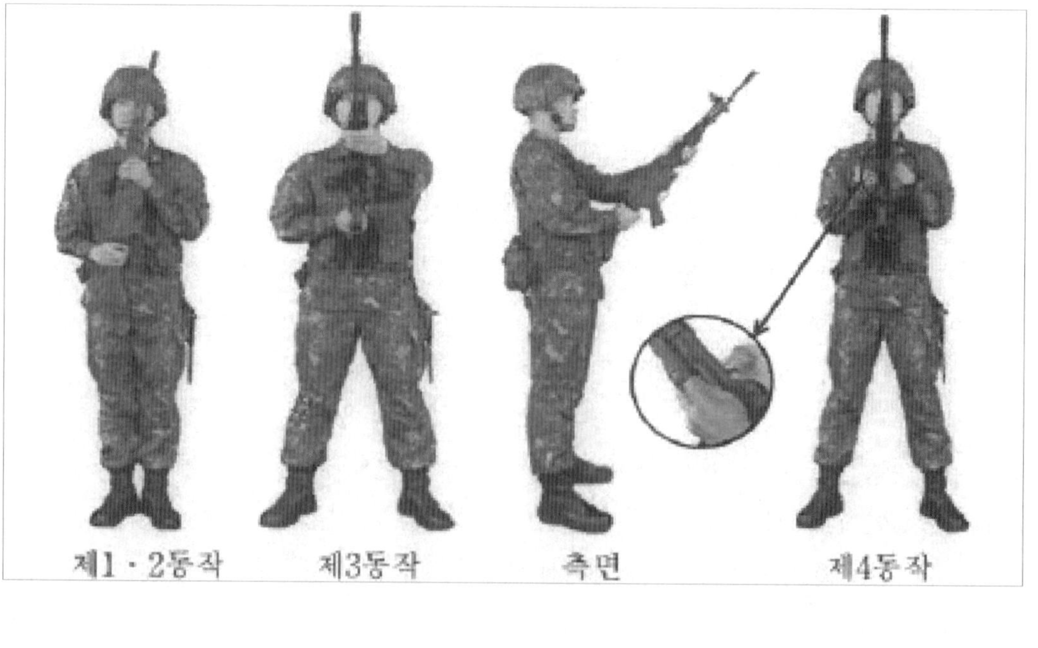

(4) 제5동작으로 왼손은 다시 덮개부분을 받쳐 잡고, 오른손은 총목을 잡아 약실이 열린 앞에총 자세를 취한다.

(5) 제6동작으로 총을 시계방향으로 90° 들어 탄알집홋이옴이 오른쪽을 향하게 하여 장전손잡이가 눈앞에 오도록 몸의 중앙으로 들어 올려 약실을 검사한다. 오른팔의 상박은 겨드랑이에 밀착하고 하박은 개머리판에 밀착시키고, 왼팔은 덮개를 잡고 있는 손등이 전방을 향하도록 하여 앞으로 뻗어 올린다. 총기는 앞에서 보았을 때 수직, 옆에서 보았을 때 45° 정도를 유지하며, 개머리판은 몸으로부터 10cm 정도 이격시킨다.

(6) "총"이란 동령에 왼발을 오른발에 붙이며 약실이 열린 상태의 앞에총으로 돌아온다.

(7) 탄알집이 있을 때에는 제 3 동작에서 오른손으로 손잡이를 잡고 왼손으로 탄알집은 잡은 후 오른손 검지손가락으로 탄알집제거눌림쇠를 눌러 탄알집을 뺀다. 제거된 탄알집은 탄입대에 넣은 후 제4동작으로 넘어간다.

(8) 검사총은 우로어깨걸어총이나 앞에총에서도 실시할 수 있다.

2) 검사총에서 세워총

가) 구 령 : "세워 총"

나) 요 령

(1) 제1동작으로 왼발을 좌측으로 30cm 벌리고, 총을 몸의 중앙에 지면과 45°가 되도록 개머리판을 허리띠 위에 올려놓는다. 이때 총기는 탄알집꽂이홈이 전방을 향하고, 옆에서 보았을 때 80° 정도를 유지해야 한다.

(2) 제2동작으로 왼손 손바닥으로 노리쇠멈치를 눌러 노리쇠뭉치를 전진시킨 후 덮개를 잡는다.

(3) 제3동작으로 오른손으로 손잡이를 잡고 검지손가락으로 방아쇠를 당겨 격발시킨다.

(4) 제4동작으로 앞에총 자세로 돌아온다.

(5) 이후의 동작은 앞에총에서 세워총 시의 요령과 같다.

카. 멜빵조정

멜빵조정은 총기휴대 제식동작 중 걸어총, 어깨걸어총, 비껴걸어총을 하고자 할 때 실시하는 동작으로 이 동작은 앞에총 자세에서만 실시한다.

1) 멜빵 늘이기

가) 구 령 : "멜빵 늘여" 또는 걸어총 시에는 "멜빵 조정"

나) 요 령

(1) 제1동작에 오른발을 우전방으로 1족장 비껴 내딛고 손잡이가 왼발을 향하도록 하여 개머리판을 오른쪽 요대 위에 올려놓는다.

(2) 제2동작에 왼손으로 덮개부분을 잡고 몸을 약간 앞으로 숙이면서 오른손 하박으로 총몸 장전손잡이 부분을 받친다.

(3) 제3동작에 양손으로 멜빵을 늘인다.

(4) 제4동작에 오른발을 왼발에 붙이면서 앞에총 자세를 취한다. 멜빵이 왼팔 안으로 들어오도록 하고, 왼손으로 멜빵과 덮개를 함께 잡아서는 안 된다.

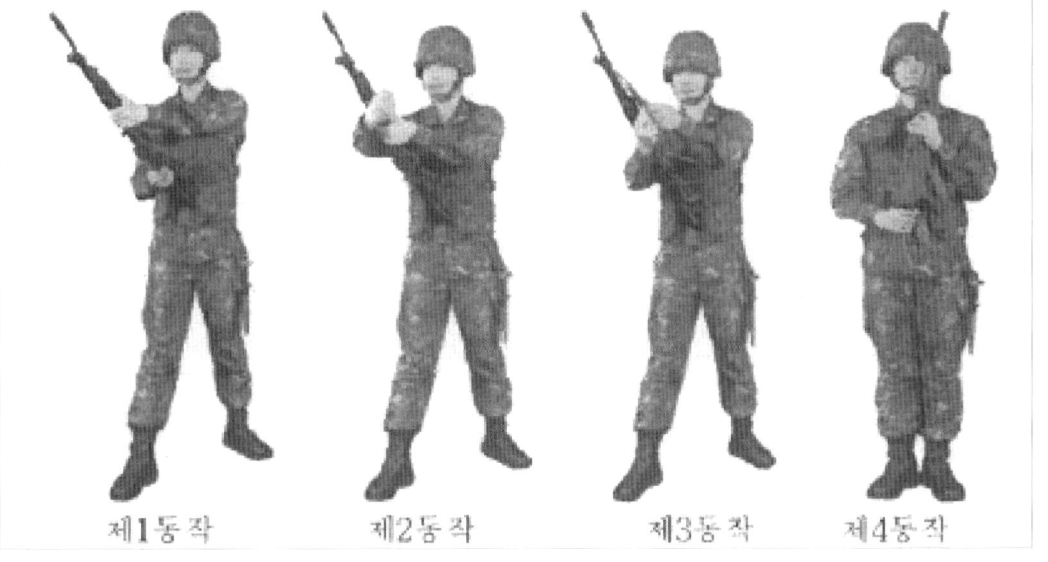

2) 멜빵 줄이기

가) 구 령 : "멜빵 줄여"

나) 요 령

(1) 제1, 2동작은 멜빵늘이기의 제1, 2동작과 같다.

(2) 제3동작으로 먼저 왼손으로 멜빵 줄임쇠를 풀고 멜빵 끝을 멜빵 아랫고리 안쪽에서 밖으로 빼내어 아래로 힘껏 잡아당기면서 오른손으로 멜빵과 덮개를 함께 잡아 멜빵이 풀리지 않도록 한다.

(3) 왼손으로 멜빵 줄임쇠를 덮개 상단으로 위치시켜 줄임쇠를 조인 후 멜빵 끝을 멜빵 아랫고리 밖에서 안쪽으로 집어넣어 남은 멜빵이 외부에 보이지 않도록 처리한다.

(4) 제4동작으로 오른발을 원위치 시키며 앞에총 자세를 취한다.

타. 우로어깨걸어총 및 좌로어깨걸어총

> 우로어깨걸어총은 K2소총의 기본 휴대자세이고 상황에 따라 좌로어깨걸어총을 실시할 수 있다. 이 동작은 멜빵을 늘인 앞에총 자세에서만 실시한다.

1) 앞에총에서 우로어깨걸어총 및 좌로어깨걸어총

가) 구 령 : "우로어깨걸어 총" 또는 "좌로어깨걸어 총"

나) 요 령

(1) 제1동작으로 총을 몸 중심부에 수직으로 세운다. 멜빵은 왼팔 안쪽에 있어야 한다.

(2) 제2동작으로 멜빵 윗고리부터 약 30cm 되는 부분에 있는 멜빵줄임쇠를 오른손 엄지손가락으로 받쳐 잡고, 손을 왼쪽 어깨 방향으로 밀어서 멜빵 윗부분이 수평을 이루게 한다.

(3) 제3동작으로 총을 오른쪽으로 밀듯이 반동을 주어 오른쪽 어깨에 메어준다. 이때 오른손 엄지손가락이 명찰 위치에 오도록 하고 왼손은 차려자세를 취한다.

(4) 좌로어깨걸어총은 제2동작에서 오른손으로 총목을 잡고 멜빵 윗고리부터 약 30cm 되는 부분을 왼손 엄지손가락으로 받쳐 잡고, 손을 오른쪽 어깨 방향으로 밀어서 멜빵 윗부분이 수평을 이루게 하며, 총을 왼쪽으로 밀듯이 반동을 주어 왼쪽 어깨에 메고, 오른손은 차려자세를 취한다.

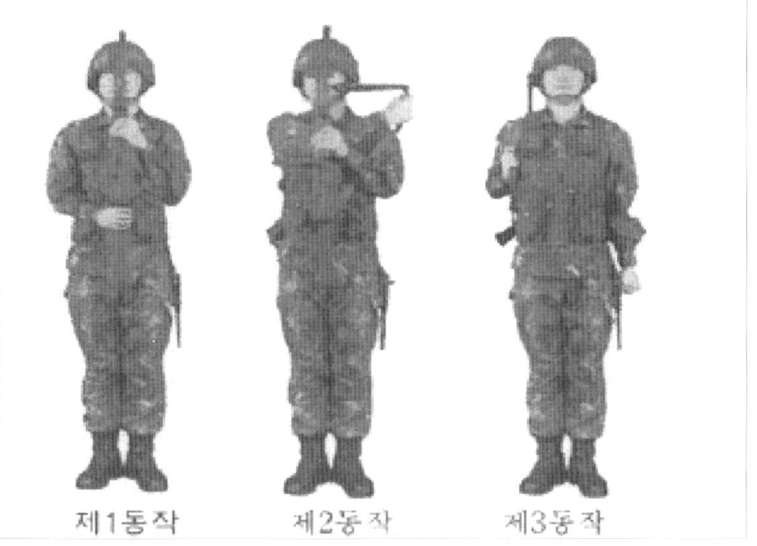

2) 우로어깨걸어총 또는 좌로어깨걸어총에서 앞에총

가) 구 령 : “앞에 총”

나) 요 령

(1) 제1동작으로 멜빵을 쥔 손을 축으로 반동을 가하여 총이 앞으로 튀어나오게 함과 동시에 왼손으로 덮개를 받쳐 잡는다. 좌로어깨걸어총에서 앞에총 시에는 오른손으로 총목을 잡는다. 이때 소총의 위치 및 각도는 “앞에총” 각도를 유지한다.

(2) 제2동작으로 오른손으로 총목을 잡아 앞에총 자세를 취한다. 좌로어깨걸어총에서 앞에총 시에는 왼손으로 덮개를 잡아 앞에총 자세를 취한다.

파. 비껴걸어총

> 비껴걸어총은 사물을 운반하거나 양손을 자유롭게 사용하기 위한 휴대자세로 개머리판을 접은 상태에서 실시하며, 먼저 멜빵을 충분히 늘인 후 실시한다. 통상 총구를 위로하며, 우천시와 헬기 탑승시에는 총구를 아래로 한 비껴걸어총 자세를 실시한다.
> 비껴걸어총 완료 후에는 멜빵에 목이 쓸리지 않도록 전투복의 깃 부분이 멜빵 위로 올라와야 한다.

1) 총구를 위로 한 비껴걸어총

가) 구 령 : "총구 위로 비껴걸어 총"

나) 요 령

(1) 앞에총 자세에서 제1동작으로 개머리판을 접는 동작까지 실시한다.

(가) 제1-1동작으로 앞에총 자세에서 총을 좌측어깨에 기대며 왼손으로 소총 손잡이를 잡고, 오른손으로 총목을 잡는다.

(나) 제1-2동작으로 총목을 잡고 있던 왼손은 우측으로 오른손은 좌측으로 밀어 개머리판을 앞쪽방향으로 천천히 접어준다.

(다) 제1동작의 최종 모습은 개머리판이 접혀진 상태에서 힌지를 오른손 바닥으로 받쳐 잡고 있는 앞에총 자세이다.

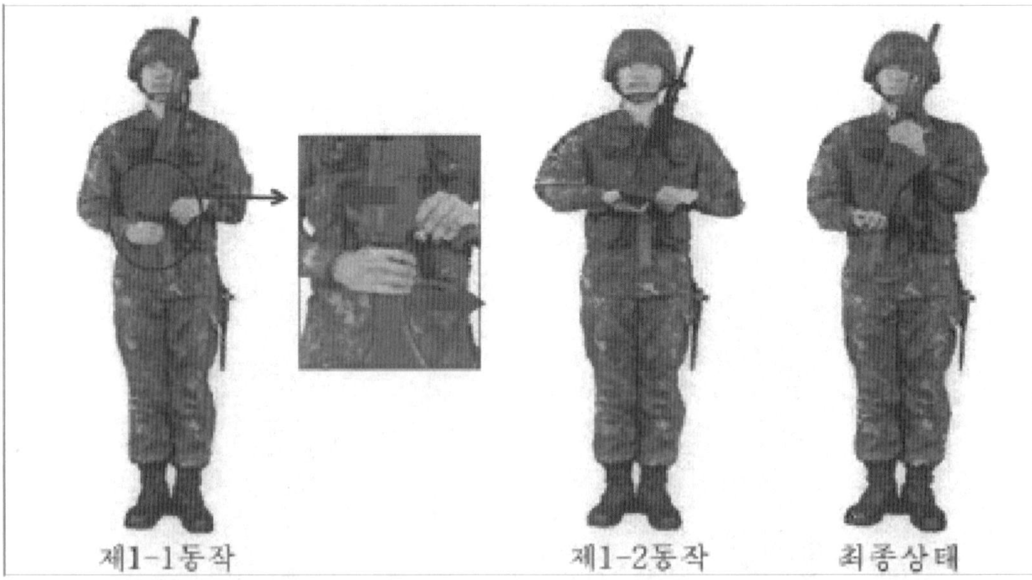

(2) 제2동작으로 왼발을 좌전방 45° 방향으로 반걸음 비껴 내딛고, 오른손으로

덮개를 잡아 총기를 오른쪽 어깨 앞에 탄알집꽂이홈이 전방을 향하도록 하여 수직으로 세운 후 왼손으로 멜빵 중앙부분을 잡아 머리와 오른쪽 어깨가 들이갈 수 있도록 멜빵을 빌린다.

(3) 제3동작으로 총을 들어 올려 머리를 멜빵 안으로 넣은 후 왼손으로 소총 손잡이를 잡고, 덮개를 잡고 있던 오른손은 멜빵과 총몸 안쪽으로 넣어 소총 손잡이를 왼손과 바꿔 잡는다. 이때 소총은 몸의 측면에 몸과 겨드랑이 사이에 손잡이가 하늘방향을 향한 상태로 위치하게 된다.

(4) 제4동작에 왼손으로 왼쪽 어깨부분의 멜빵을 아래로 당김과 동시에 손잡이를 잡고 있는 오른손을 놓아 총을 등 뒤로 비껴 멘 후 왼발을 원위치 시켜 차려 자세를 취한다.

제2동작 제3-1동작 제3-1동작 제4동작 후면

2) 총구를 위로 한 비껴걸어총에서 앞에총

가) 구 령 : "앞에 총"

나) 요 령

(1) 제1동작으로 왼발을 좌전방 45° 방향으로 반걸음 비껴 내딛고, 오른손으로 소총 손잡이를 뒤에서 앞으로 잡아당긴다. 이때 소총은 몸의 측면에 몸과 겨드랑이 사이에 손잡이가 하늘방향을 향한 상태로 위치하게 된다.

(2) 제2동작에 왼손으로 소총 손잡이를 잡고, 오른팔을 총몸 안쪽으로 내려서 덮개를 아래에서 위로 받쳐 잡은 후 왼손으로 왼쪽 어깨부분의 멜빵을 잡는다.

(3) 제3동작에 총기를 들어 올려 몸에서 소총을 완전히 빼내어 비껴걸어총 제3동작을 취한다.

(4) 제4동작에 차려자세로 소총을 개머리판이 앞쪽을 향하도록 몸 중앙으로 가져와 왼손으로 소총 손잡이를 위에서 아래로 잡고, 오른손으로는 손등이 앞쪽을 향하게 하여 총목을 잡는다.

(5) 제5동작으로 소총 손잡이를 잡고 있는 왼손과 총목을 잡고 있는 오른손에 힘을 주어 개머리판을 편 다음, 오른손으로 총목을 다시 잡고, 왼손으로 덮개를 잡아 앞에총 자세를 취한다.

제1동작 제2-1동작 제2-2동작 제3-1동작 제3-2동작

제4동작 제5-1동작 제5-2동작 제5-3동작

3) 총구를 아래로 한 비껴걸어총

가) 구 령 : "총구 아래로 비껴걸어 총"

나) 요 령

(1) 앞에총 자세에서 제1동작에 개머리판을 접는다.

(2) 제2동작으로 왼발을 좌전방 45° 방향으로 반걸음 비껴 내딛고, 총을 시계 반대방향으로 돌려 소염기가 왼쪽을 향하고 총기가 몸 앞쪽에서 지면과 수평이 되게 하여 멜빵 안쪽으로 오른손을 넣어 덮개를 감싸잡고, 왼손으로 멜빵 중앙부분을 잡는다.

(3) 제3동작으로 왼팔을 들어올려 머리와 오른팔을 멜빵 안으로 넣은 후 오른손으로 가늠쇠뭉치를 잡는다. 이때 소총은 몸 앞쪽에서 몸과 겨드랑이 사이에 손잡이가 지면을 향한 상태로 위치한다.

(4) 제4동작에 왼손으로 왼쪽 어깨부분의 멜빵을 아래로 당김과 동시에 덮개를 잡고 있는 오른손을 놓아 총을 등 뒤로 비껴 멘 후 왼발을 원위치 시켜 차려 자세를 취한다.

제4-1동작 제4-2동작 뒷모습

4) 총구를 아래로 한 비껴걸어총에서 앞에총

가) 구 령 : “앞에 총”

나) 요 령

(1) 제1동작으로 왼발을 좌전방 45° 방향으로 반걸음 비껴 내딛고, 오른손으로 가늠쇠뭉치를 뒤에서 몸 앞으로 잡아당긴다. 이때 소총은 몸 앞쪽에 손잡이가 지면을 향한 상태로 위치하게 된다.

제1동작 제2-1동작 제2-2동작 제2-3동작

(2) 제2동작에 왼손으로 멜빵을 잡아 몸으로부터 벗겨내고, 왼손을 덮개를, 오른손은 헌지를 감싸 잡는다.

(3) 제3동작에 왼손으로 소총 손잡이를 잡고, 오른손을 멜빵에서 빼내어 접힌 총목을 잡아 총을 몸 앞쪽으로 가져온다.

(4) 제4동작으로 소총 손잡이를 잡고 있는 왼손과 총목을 잡고 있는 오른손에 힘을 주어 개머리판을 편 다음, 오른손으로 총목을 다시 잡고, 왼손으로 덮개를 잡아 앞에총 자세를 취한다.

제3동작 제4-1동작 제4-2동작 제4-3동작

하. 비껴걸어 허리총

> 경계근무자 및 완전군장 착용시 총기휴대자세 중 하나이며, 사용시기는 해부대 지휘관이 정한다. 이 동작은 멜빵을 충분히 늘인 앞에총 자세에서만 실시한다. 비껴걸어 허리총 완료 후에는 멜빵에 목이 쓸리지 않도록 전투복의 깃 부분이 멜빵 위로 올라와야 한다.

1) 비껴걸이 허리총

가) 구 령 : “비껴걸어 허리총”

나) 요 령

(1) 제1동작으로 왼발을 좌전방 45° 방향으로 반걸음 비껴 내딛고, 총을 시계 반대방향으로 돌려 소염기가 왼쪽을 향하고 총기가 몸 앞쪽에서 지면과 수평이 되게 한다.

(2) 제2동작으로 오른손으로 덮개를 위에서 아래로 잡고, 왼손으로 멜빵 중앙부분을 잡는다. 왼팔을 들어 올려 머리를 멜빵 안으로 넣은 후 덮개를 잡고 있던 오른손은 멜빵 안쪽으로 넣어 가늠쇠뭉치를 잡는다. 이때 소총은 몸 앞쪽에서 몸과 겨드랑이 사이에 손잡이가 지면을 향한 상태로 위치하게 된다.

(3) 제3동작으로 왼팔을 우측전방으로 뻗어 총구가 앞을 향하게 하고, 오른손으로 총을 허리까지 내려 지면과 수평상태를 만든 후 왼팔과 다리를 원위치 시켜 차려자세를 취한다.

2) 비껴걸어 허리총에서 앞에총

가) 구 령 : “앞에 총”

나) 요 령

(1) 제1동작으로 왼발을 좌전방 방향으로 반걸음 비껴 내딛고, 덮개를 잡은 오른손을 몸 앞쪽으로 당겨온다. 이때 소총은 몸 앞쪽에 손잡이가 지면을 향한 상태로 위치하게 된다.

(2) 제2동작으로 왼손으로 멜빵을 잡아 몸으로부터 벗겨낸다.

(3) 제3동작으로 왼손으로 덮개를 잡고, 오른손을 멜빵에서 빼내어 총목을 잡은 후 비껴 내딛은 왼발을 오른발에 붙이면서 앞에총 자세를 취한다.

거. 내려총

내려총은 복도나 계단 등 협소한 장소에서 이동시 실시하며, 앞에총 자세에서만 실시한다.

1) 앞에총에서 우내려총
  가) 구 령 : "우내려 총"
  나) 요 령
    (1) 제1동작에 총기는 앞에총 상태를 유지하고, 총목을 잡고 있던 오른손으로 손등이 전방을 향하게 하여 소총 손잡이를 감싸 잡는다.
    (2) 제2동작에 소총의 손잡이가 앞을 향하게 하여 신속히 우측 옆구리에 지면과 수직이 되도록 내려줌과 동시에 왼손의 손가락을 모아 펴서 손바닥이 가슴을 향하도록 하여 검지와 중지 손가락으로 멜빵 윗고리 부분에 대어 총기의 유동을 방지한다.
    (3) 제3동작에 왼팔을 내려 차려자세를 취한다.

제1동작 제2동작 제3동작

2) 우내려총에서 앞에총

가) 구 령 : “앞에 총”

나) 요 령

(1) 제1동작에 오른손으로 소총 손잡이를 쥔 상태에서 소총을 몸 앞쪽으로 들어 올려 왼손으로 덮개를 파지한 앞에총 준비 자세를 취한다.

(2) 제2동작에 소총 손잡이를 잡고 있던 오른손으로 총목을 잡으며, 앞에총 자세를 취한다.

3) 앞에총에서 좌내려총

가) 구 령 : “좌내려 총”

나) 요 령

(1) 제1동작으로 총기는 앞에총 상태를 유지하고, 덮개를 잡고 있던 왼손으로 손바닥이 전방을 향하게 하여 소총 손잡이를 받쳐 잡는다.

(2) 제2동작으로 소총의 손잡이가 앞을 향하게 하여 신속히 좌측 옆구리에 지면과 수직되도록 내려줌과 동시에 오른손의 손가락을 모아 펴서 손바닥이 가슴을 향하도록 하여 검지와 중지 손가락으로 멜빵 윗고리에 부분에 대어 총기의 유동을 방지한다.

(3) 제3동작으로 오른팔을 내려 차려자세를 취한다.

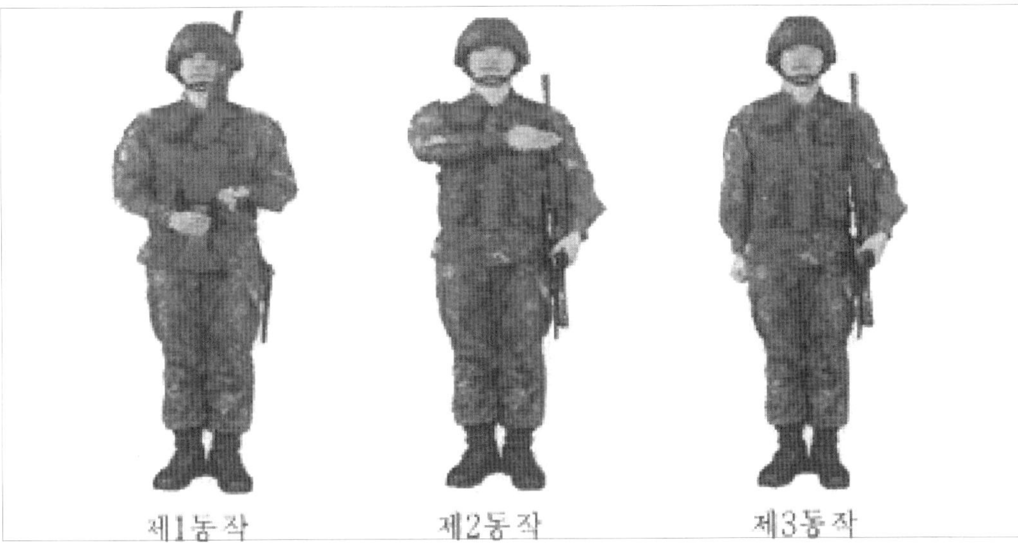

4) 좌내려총에서 앞에총

가) 구 령 : “앞에 총”

니) 요 령

(1) 제1동작에 왼손으로 소총 손잡이를 쥔 상태에서 소총을 몸 앞쪽으로 들어 올려 오른손으로 총목을 잡는다.

(2) 제2동작에 손잡이를 잡고 있던 왼손으로 덮개 아랫부분을 잡으며 앞에총 자세를 취한다.

너. 비껴들어총

> 경계근무시 총기휴대자세 중 하나이며 이 동작은 앞에총 자세에서만 실시 할 수 있다. 세워총 자세에서 비껴들어총 시에는 먼저 앞에총 자세로 전환한 후 다음 동작을 취한다.

1) 앞에총에서 우비껴들어총

가) 구 령 : “우비껴들어 총”

나) 요 령

(1) 제1동작으로 왼발을 30cm 정도 벌리고, 총을 우전방으로 밀어서 개머리판을 오른쪽 요대 위에 올려놓는다. 이때 양 손은 앞에총 자세 시의 잡은 위치와 같으며, 총은 몸의 앞과 옆에서 보았을 때 지면과 각각 45°를 유지하고 장전

손잡이가 몸 바깥쪽을 향하도록 한다.

(2) 제2동작으로 왼손과 오른손을 교차시키면서 오른손을 덮개 아랫부분으로 옮겨 잡고, 왼팔은 차려자세를 취한다.

2) 앞에총에서 좌비껴들어총

가) 구 령 : "좌비껴들어 총"

나) 요 령

(1) 제1동작으로 왼발을 30cm 정도 벌리고, 총을 좌전방으로 밀어서 개머리판을 왼쪽 요대 위에 올려놓는다. 이때 양 손은 앞에총 자세의 잡는 위치와 같으며, 총은 몸의 앞과 옆에서 보았을 때 지면과 각각 45°를 유지하고, 장전손잡이가 몸 안쪽을 향한다.

(2) 제2동작으로 오른팔은 차려자세로 복귀시킨다.

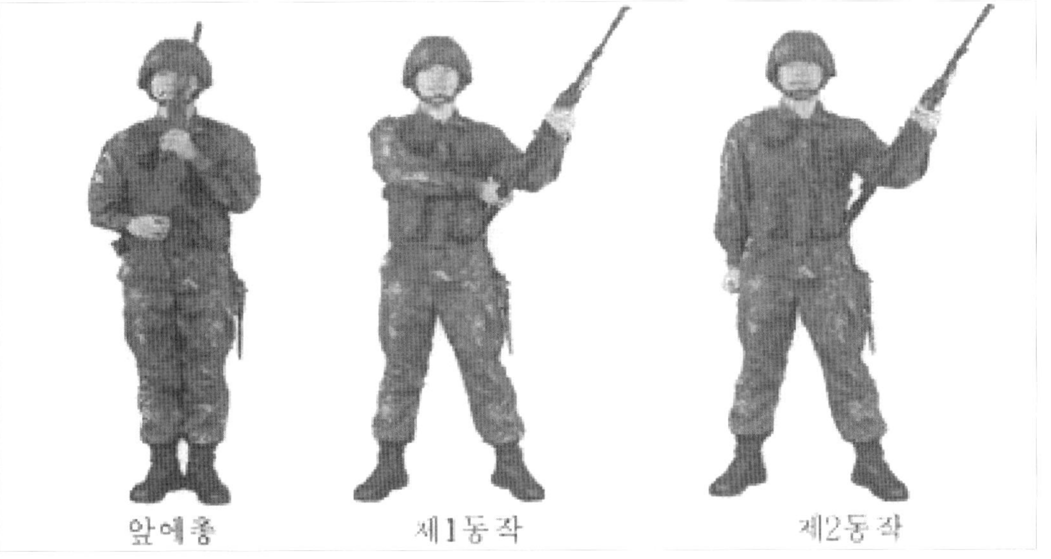

3) 우 · 좌비껴들어총에서 앞에총

가) 구 령 : “앞에 총”

나) 요 령 : 앞에총 자세까지는 역순으로 실시하고, 앞에총 자세에서 세워총시는 총기휴대시 세워총 자세와 동일하게 실시한다.

4) 좌비껴들어총에서 우비껴들어총

가) 구 령 : “우비껴들어 총”

나) 요 령

(1) 제1동작으로 좌비껴들어총 자세에서 발은 그대로 두고 좌비껴들어총은 오른손으로 총목을 잡는다.

(2) 제2동작으로 개머리판이 요대를 따라 우비껴들어총 위치로 이동한다. 장전손잡이 방향이 몸 안쪽에서 바깥쪽으로 바뀐다.

(3) 제3동작에 오른손은 왼손과 교체시키면서 덮개를 잡아주고, 왼손은 차려 자세를 취한다.

(4) 우비껴들어총에서 좌비껴들어총으로 전환시는 왼손으로 총목을 잡고, 총을 이동시킨 후 손을 바꿔 잡는다.

더. 꽂 아 칼

경계작전, 총검술 훈련, 기타 필요시 소총에 대검을 결합하는 동작이다.

1) 구 령 : "꽂아 칼"

2) 요 령

가) "꽂아"라는 예령에 제1동작은 세워총시의 위치에서 총열을 몸 중앙으로 내밀어 왼손을 "ㄷ" 모양으로 만들어 오른손 위를 덮어 잡는다. 이때 시선은 손을 바라본다.

나) 제2동작에 왼손으로 가늠쇠뭉치를 받쳐 잡고, 오른손으로 왼쪽 허리에 차고 있는 대검집 단추를 연 다음 엄지손가락으로는 대검고리를, 검지손가락으로는 대검코를 잡으며, 나머지 손가락으로는 손잡이를 잡고 대검의 윗날이 보일 때까지 뺀다. 이때 시선은 대검집을 향한다. 대검의 위치는 부대에 따라 다를 수 있다.

다) 3동작으로 대검을 완전히 뺀 다음 대검 날이 눈 앞에 오도록 들어올려 대검의 상태를 확인한다. 오른 상박을 옆구리에 밀착한 상태에서 손등이 바깥쪽을 향하고, 대검은 얼굴 중앙에 위치하며, 눈으로부터 약 30cm 정도 떨어져야 한다.

라) 제4동작으로 대검고리에 소염기를 통과시킨 후 대검을 칼꽂이 홈에 댄다. 이때 시선은 대검을 바라본다.

마) "칼" 구령에 대검을 칼꽂이 홈에 완전히 꽂고, 오른손으로 가늠쇠뭉치를 잡아 "세워총" 자세를 취한다.

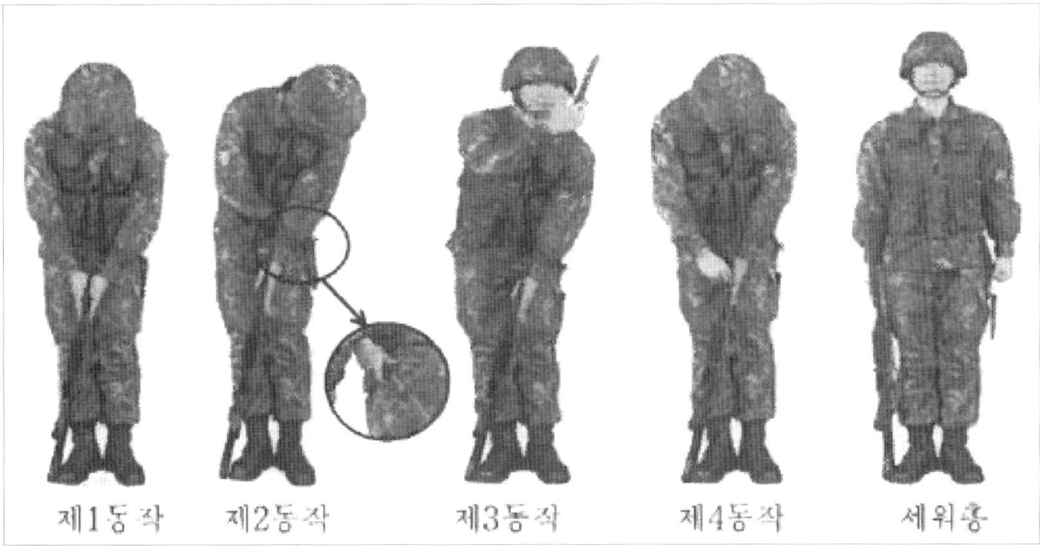

러. 빼 어 칼

빼어칼은 소총에 결합된 대검을 제거할 때 사용하는 동작이다

1) 구 령 : "빼어 칼"
2) 요 령
   가) "빼어"라는 예령 제1동작은 꽂아칼 제1동작과 같다.
   나) 제2동작에 오른손의 엄지와 검지손가락으로 대검 멈치를 눌러 대검을 칼꽂이 홈에서 분리시키고 오른손을 위로하여 엄지손가락은 대검 고리부분에 검지손가락은 대검코에 대고, 나머지 손가락으로 손잡이를 잡는다. 이때 시선은 대검을 향한다.
   다) 제3동작으로 대검을 총에서 완전히 빼내어 꽂아칼 제3동작과 같은 자세를 취한다.
   라) 제4동작으로 대검고리가 뒤로 향하도록 대검집에 완전히 꽂고, 소총의 가늠쇠 뭉치부분을 오른손으로 옮겨 잡으면서 왼손을 대검집 단추에 댄다.
   마) "칼"이란 동령에 왼손으로 대검집 단추를 잠그고, 오른손을 잡아당김과 동시에 왼팔을 내려 세워총 자세를 취한다.

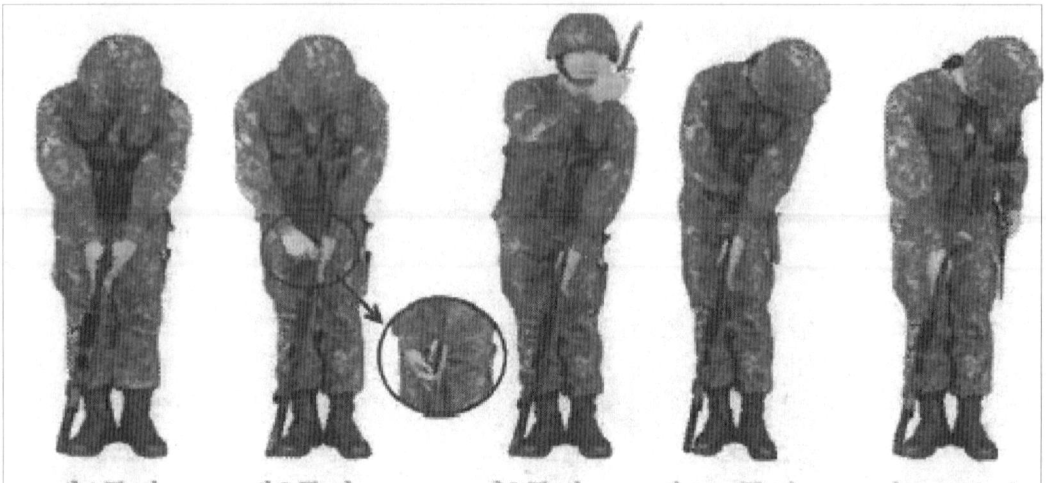

머. 걸 어 총

> 걸어총은 필요시 휴대하고 있던 소총을 질서정연하게 세워놓는 동작으로 최소 3명이 1개조가 되어 실시하며, 개인별 위치에 따라 취하는 동작이 달라진다.

1) 대형 및 준비 동작

가) 대형은 최소 3열 이상이어야 하고, 개인간격은 정식간격으로 조정 한다.

나) 지휘자는 먼저 기준을 지정해 주어야 한다. 인원이 많은 경우에는 번호를 통해 부대원들에게 순번을 명확하게 인식시킨 후 기준을 지정해야 한다.

다) 동작이 3명 1개조로 이루어지므로 통상 2, 5, 8, 11번 등이 기준이 된다. 4열일 경우에는 2번, 5열일 경우에는 3번이 기준이 된다.

라) 지휘자가 기준을 정한 후 "기준열, 멜빵조정"이라는 구령에 기준열에 속한 인원은 멜빵 줄이기 자세로 멜빵 줄임쇠가 멜빵 윗고리로부터 10cm 정도에 위치하도록 조정한다.

2) 구 령 : "걸어 총"

3) 요 령

가) "걸어"라는 예령에 제 1동작은 전원 앞에총 자세를 취한다.

제1동작

나) 제2동작으로 기준은 양 발끝을 연하는 선의 중앙에 개머리판의 위쪽 끝을 대고, 탄알집꽂이홈이 전방을 향한 상태로 총을 몸의 중앙에 수직으로 세운 다음, 왼손으로 덮개를 잡는데 검지손가락과 가운데손가락으로 안쪽 멜빵을 누르고, 오른손 엄지손가락과 검지손가락으로 바깥쪽 멜빵을 벌려서 총구가 들어올 공간을 만든다. 이때 양쪽사람은 양팔을 펴서 총을 내리는데 총구는 기준 방향, 손잡이는 전방, 총은 지면과 수평 상태를 유지해야 한다. 시선은 모든 인원이 기준의 멜빵을 바라본다.

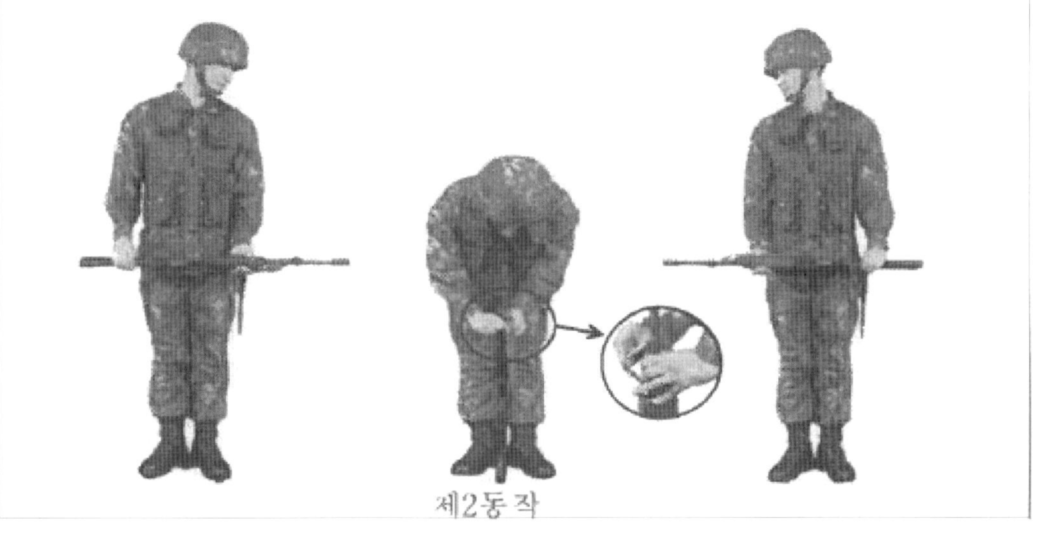

제2동작

다) 제 3동작으로 양쪽사람은 기준병으로부터 먼 쪽 발을 기준 방향으로 약 50cm 정도 비껴 내딛고, 좌측사람부터 먼저 총구를 끼우고 우측사람이 그 위에 총구를 끼운 다음, 각자의 개머리판이 기준병 소총으로부터 좌·우로 60cm 정도의 정삼각형을 이루는 위치로 옮겨 지면과 3cm 이격시킨다. 기준은 멜빵을 바라보고, 양쪽 사람은 각자의 개미리판을 비리본디.

라) "총"이라는 동령에 개머리판을 지면에 놓고 일어서며, 비껴 내딛은 발을 끌어당겨 정면을 향해 차려자세를 취한다.

마) 여분의 총이 있을 때에는 개머리판을 기준병 소총 개머리판의 좌·우로 10cm 이격시켜 지면에 놓고, 소염기부분을 걸어총 되어 있는 총의 소염기 사이 공간에 기대어 세운다.

제3-1동작

제3-2동작

버. 풀 어 총

걸어총 상태에 있는 총기를 개인이 다시 휴대하기 위한 동작으로 걸어총의 역순으로 한다.

1) 구 령 : "풀어 총"

2) 요 령

가) "풀어"라는 예령에 제1동작은 개머리판을 지면으로 3cm 유지하는 걸어 총의 제3동작과 동일하다.

나) 제2동작은 소총을 수평으로 내려잡는 걸어총의 제2동작과 동일하다.

다) 제3동작은 전원이 앞에총 자세를 취하는 걸어총 제1동작과 동일하다.

라) "총"이라는 동령에 전원 세워총 자세를 취한다.

마) 풀어총이 끝난 후 기준열은 "기준열 멜빵조정"이라는 구령에 원상태로 조정한다.

서. 총기휴대시 경례

총기를 휴대시 경례는 총기를 휴대한 형태에 따라 받들어총과 거수 경례를 할 수 있다. 받들어총은 '세워총, 허리에총, 앞에총' 시에 실시하며, 거수경례는 '우 · 좌로어깨총, 우 · 좌로어깨걸어총, 비껴걸어총, 비껴들어총, 비껴걸어허리총, 우 · 좌내려총' 시에 실시한다.

1) 받들어총

가) 세워총에서 받들어총

(1) 구 령 : "받들어 총"

(2) 요 령

(가) 제1동작으로 오른손으로 총의 소염기 끝부분이 눈높이에 오도록 비껴 올려 왼손으로 총의 덮개를 잡는다. 총은 몸의 중앙에 위치하고, 소총 손잡이는 전방을 향하며, 가늠자뭉치는 몸과 약 10cm 떨어져있어야 한다. 또한 오른팔 하박은 총열덮개에 밀착하고, 왼팔 상박은 겨드랑이에 밀착해야 한다.

(나) 제2동작으로 가늠쇠뭉치를 잡고 있던 오른손을 신속히 내려 손등이 전방을 향하도록 총목에 붙인다. 오른팔 상박은 겨드랑이에 붙이고, 손목을 곧게 펴 오른팔이 일직선이 되어야하며, 정면에서 엄지손가락이 보이지 않도록 총목 뒤에 밀착시켜야 한다.

(다) 총은 정면 및 측면에서 보았을 때 지면과 수직상태를 유지해야 한다.

(라) 경례구호는 제1동작에 총기를 들어올림과 동시에 "충", 제2동작에 가늠쇠뭉치로부터 오른손 뻗으면서 "성"을 복창한다. 경례구호는 부대특성을 고려하여 2동작에 구호를 복창할 수 있다.

나) 받들어총에서 세워총

(1) 구 령 : "세워 총"

(2) 요 령 : 제1동작에 오른손으로 가늠쇠뭉치를 잡아 받들어총 제1동작과 동일하게 취한다. 제2 · 3동작은 앞에총에서 세워총 제2 · 3동작과 같다.

다) 앞에총에서 받들어총

(1) 구 령 : "받들어 총"

(2) 요 령

(가) 제1동작으로 총을 시계방향으로 90° 틀어 몸 중앙에 수직으로 세운다. 이때 소총은 가늠쇠울이 눈높이에 위치한다.

(나) 제2 동작으로 소염기 끝부분이 눈높이에 오도록 총을 내림과 동시에 오른손을 뻗는다.

(다) 경례구호는 제1동작에 총기를 틈과 동시에 "충" 제2동작에 총을 내림과 동시에 "성"을 복창한다. 경례구호는 부대특성을 고려하여 2동작에 구호를 복창할 수 있다.

라) 받들어총에서 앞에총

(1) 구 령 : "앞에 총"

(2) 요 령 : 한 동작으로 총을 들어 올리면서 시계 반대방향으로 90° 틀어 앞에총 자세를 취한다.

마) 허리에총에서 받들어총

(1) 허리에총 자세에서 "받들어 총"이라는 구령이나 경례의 필요성이 있을 때 세워총에서 받들어총의 동작과 동일하게 실시한 후 지휘자 구령에 따라 세워총 또는 앞에총 자세로 복귀한다.

2) 총기휴대시 거수경례

가) 구 령 : 구령은 대상자가 사람일 경우에는 "00님께 대하여 경례", 사람이 아닐 경우에는 "00에 대하여 경례"이다.

나) 우·좌로어깨총시 경례 실시요령

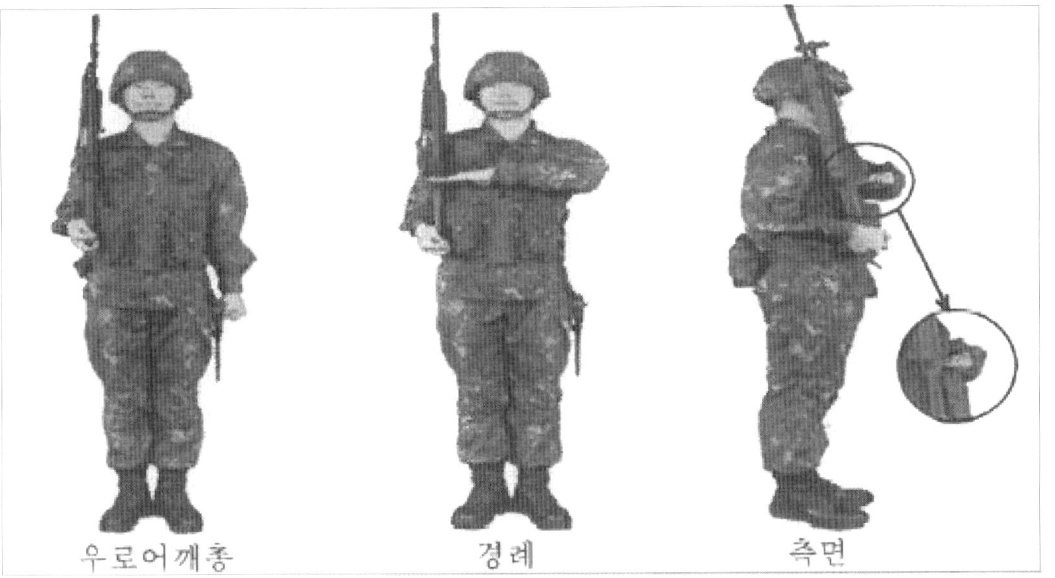

우로어깨총 경례 측면

(1) "경례"라는 구령이나 경례의 필요성이 있을 때 왼손 손가락을 모두 모아 펴서, 손바닥이 지면을 향하게 하여 검지손가락 첫째 마디를 개머리판 현지의 평평한 면에 붙인다.

(2) 왼손의 손목을 곧게 펴서 하박과 일직선이 되어야 하고, 하박은 지면과 수평을 유지하여야 한다.

(3) 경례구호는 왼손을 올림과 동시에 붙이고, 눈은 수례자를 향하여 똑바로 주목한다.

(4) 경례가 끝난 후에는 "바로" 구령에 왼손을 내려 차려자세를 취한다.

(5) 좌로어깨총 자세에서는 맨손 제식시 거수경례와 동일한 형태로 실시한다.

(6) “바로” 구령에 오른손을 내려 차려자세로 복귀한다.

다) 우 · 좌로어깨걸어총시 경례 실시요령

(1) 경례시 제1동작으로 왼손은 멜빵을 받쳐 잡고 있는 오른손 엄지손가락 바로 위로 옮겨 멜빵을 잡는다. 이때 손등은 하늘방향이며, 하박은 지면과 수평을 유지하여야 한다. 왼손엄지손가락을 멜빵 안쪽으로 넣어 검지손가락 측면과 함께 멜빵을 잡는다.

(2) 제2동작으로 오른손을 최단거리로 올려 거수경례를 실시한다.

(3) 바로시 제1동작으로 오른손을 내리면서 주먹을 쥐고 차려 위치까지 내려간다. 제2동작으로 오른손을 올려 최초 위치에서 멜빵을 잡는다. 제3동작으로 왼손을 내려 차려자세를 취한다.

4) 우로어깨걸어총시 경례구호는 제1동작에 손을 올림과 동시에 “충”, 제2동작에 멜빵을 놓음과 동시에 “성” 구호를 붙이며, 좌로어깨걸어총시는 총을 잡은 그대로 맨손 제식시와 같은 방법으로 거수경례를 실시한다.

라) 비껴걸어총시 경례 실시요령

(1) “경례”라는 구령이나 경례의 필요성이 있을 때 총구를 위로 또는 아래로 한 비껴걸어총의 차려자세에서 거수경례를 실시한다.

(2) 요령 : 비껴걸어총 자세를 유지한 상태로 맨손 제식시 거수경례와 동일한 형태로 실시하고, “바로” 구령에 오른손을 내려 차려자세로 복귀한다.

마) 비껴들어총 시 경례 실시요령

(1) 좌비껴들어총 자세시는 맨손 제식시의 경례동작과 동일하게 실시한다.

(2) 우비껴들어총 자세시는 먼저 좌비껴들어총으로 옮긴 다음 “차려” 자세에서 거수경례를 실시한다.

바) 비껴들어 허리총시 경례 실시요령

(1) 제1동작으로 왼손으로 가늠자뭉치를 잡고, 왼쪽으로 돌린다. 제2동작으로 오른손을 최단거리로 올려 거수경례를 한다.

(2) "바로" 구령에 제1동작으로 오른손을 내려 덮개를 잡고, 제2동작소총을 오른쪽으로 돌리고, 제3동작에 왼손을 놓음과 동시에 비껴걸어 허리총 자세로 한다.

사) 내려총시 경례 실시요령

(1) 우내려총시 "경례"라는 구령이나 경례의 필요성이 있을 때 왼손 손가락을 모두 모아 펴서, 손바닥이 지면을 향하게 하여 검지손가락 첫째 마디를 칼꽂이 홈에 붙인다.

(2) 왼손의 손목을 곧게 펴서 하박과 일직선이 되어야 하고, 하박은 지면과 수평을 유지하여야 한다.

(3) 경례구호는 왼손을 올림과 동시에 붙이고, 눈은 수례자를 향하여 똑바로 주목한다.

(4) 경례가 끝난 후에는 "바로" 구령에 왼손을 내려 차려자세를 취한다.

(5) 좌내려총시 경례는 맨손 제식 시 경례동작과 같다.

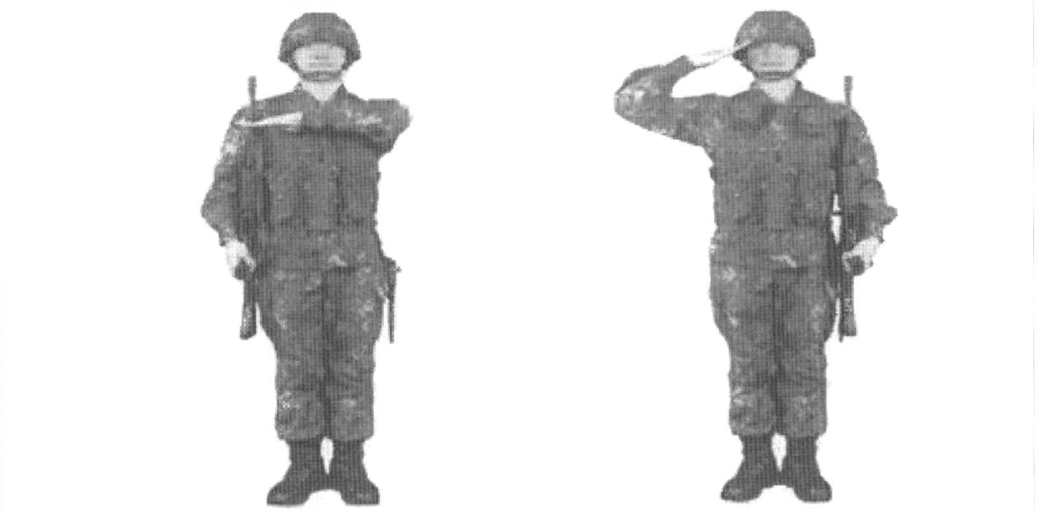

어. 총기휴대 제식 16개 동작

1) 구 령 : “총기휴대 제식 16개 동작 우로어깨 총”

2) 실시 요령

가) 세워총 - 우로어깨총(4동작) - 좌로어깨총(4동작) - 앞에총(2동작) - 받들어총(1동작) - 세워총(3동작) - 열중쉬어(1동작) - 차려(1동작)

2. K1A 기관단총 휴대 제식

가. 기본적인 행동요령

(1) 기관단총의 기본휴대자세는 총구를 아래로 한 “우로어깨걸어총” 자세이다.
(2) 멜빵을 잡지 않은 손은 맨손 제식과 같은 동작을 취한다.
(3) 탄알집은 통상 기관단총에서 제거한다.
(4) 기관단총은 총기 휴대시 세워총 자세를 사용하지 않는다. 다른 화기와 함께 제식동작을 하게 될 경우 “세워총” 구령에 총구를 아래로 한 우로어깨걸어총에 차려자세를 취한다.
(5) 각 동작의 실시 시기와 목적은 ‘K2소총휴대 제식’ 동작과 동일하나 총기의 특성으로 인해 동작의 형태 및 요령이 다를 수 있다.
(6) 총기를 휴대하고 집합할 때와 해산할 때는 검사총을 실시함을 원칙으로 한다.
(7) 동작전환의 속도는 통상 1초에 2개 동작을 실시하는 속도인 1호간에 1개 동작을 유지하고, 속도를 조절하고 정확한 동작을 숙달시키기 위해 동작마다 번호를 붙여 실시할 수 있다.

나. 차려자세

총기는 총구를 아래로 한 우로어깨걸어총 자세로 휴대하며, K1A 기관단총휴대 제식훈련을 위해 최초에 취하는 자세이다.

1) 구 령 : "차려"

2) 요 령

가) 어깨받침쇠를 완전히 줄여 총구를 아래로 한 우로어깨걸어총을 실시한 후 차려자세를 취한다.

나) 이때 멜빵은 오른손 엄지손가락이 명찰부분에 오도록 받쳐 잡고, 상박은 몸에 붙인다. 그 외의 자세는 맨손 제식 시 차려자세와 같다.

다. 열중쉬어

1) 열중쉬어 자세의 실시 목적은 맨손 제식과 동일하다.

가) 구 령 : "열중 쉬어"

나) 요 령 : 오른손은 우로어깨걸어총시의 위치에 계속 고정시키고, 나머지 동작은 맨손제식시의 열중쉬어 자세와 같다.

라. 쉬어

1) 쉬어 자세의 실시 목적은 맨손 제식과 동일하다.

가) 구 령 : “쉬어”

나) 요 령

(1) 총을 어깨에 걸은 상태에서 쉬어 동작을 취하며, 오른발은 움직이지 않고, 왼발과 상체 및 양팔은 가볍게 움직일 수 있다.

(2) 차려자세로 복귀하려면 예령에 열중쉬어 자세를 취하고, “차려”라는 동령에 최초 차려자세를 취한다.

마. 편히쉬어

1) 편히쉬어 자세의 실시 목적은 맨손 제식과 동일하다.

가) 구 령 : “편히 쉬어”

나) 요 령

(1) 총을 오른쪽 어깨에서 왼쪽 어깨로 바꾸어 걸 수 있으며, 그 외의 동작은 쉬어 자세와 같다. 이때 오른발은 고정시켜야 된다.

(2) 작은 소리로 담화할 수 있다.

(3) 편히쉬어 자세는 열중쉬어, 쉬어 단계에서 필요시 취할 수 있다.

(4) 차려자세로 복귀하려면 예령에 열중쉬어 자세를 취하고, 동령에 차려자세를 취한다.

(5) 총을 왼쪽 어깨로 바꾸어 멜 때는 멜빵을 잡은 오른손으로 총을 어깨에서 벗어든 다음, 왼팔을 멜빵 속으로 깊이 넣어 왼쪽 어깨에 걸고, 왼손으로 멜빵을 잡는다. 총을 오른쪽으로 다시 바꾸어 멜 때는 역순으로 동작을 취한다.

2) 차려자세로 복귀

가) 모든 쉬어 자세에서 차려자세로 복귀하는 동작이다.

나) 구 령 : 모든 쉬어 자세에서 차려자세로 복귀 시 구령은 "차려"이다.

다) 요 령

(1) "부대" 또는 "분대 · 소대 · 중대 등" 단위부대 명칭인 예령에 신속하게 열중쉬어 자세를 취하고, "차려" 동령에 차려자세로 복귀한다. 쉬어 또는 편히쉬어 자세에서는 "동작 그만" 이라는 구령으로 열중쉬어 자세로 복귀시킨 후 동령을 내릴 수 있다.

바. 앉 아

1) 실시 목적, 시기, 실시요령, 유의사항은 맨손제식과 동일하나, 소총을 휴대하는 방법만 다르다.

2) 우로어깨걸어총에서 무릎앉아

가) 구 령 : "무릎 앉아"

나) 요 령

(1) 제1동작에 오른발을 왼발 뒤꿈치부터 1족장 뒤로 뺀다.

(2) 제2동작에 총기는 우로어깨걸어총 상태를 유지하고 맨손 제식 무릎앉아와 동일한 형태로 앉는다.

(3) "쉬어"라는 구령에 총을 어깨에 맨 채 상체와 양팔을 가볍게 움직일 수 있고, "편히쉬어"에서는 양발을 바꿀 수 있으며 사람과 대화를 할 수 있다.

(4) 무릎앉아 자세는 부동자세로 필요하지 않을 경우에는 쉬어 또는 편히쉬어 자세를 취하거나 일어서서 필요한 자세를 취할 수 있도록 통제하여야 한다.

(5) 쉬어, 편히쉬어 자세에서 무릎앉아 자세로 복귀 시 구령은 "앉은채로 차려"이다.

3) 제자리 앉아

가) 구 령 : "제자리 앉아"

나) 무릎앉아에서 제자리 앉아 실시요령

(1) 제1동작으로 무릎앉아 자세에서 멜빵을 잡은 오른손을 위로 올려 총구가 앞으로 나올 때 왼손으로 덮개를 잡는다.

(2) 제2동작으로 멜빵끈을 어깨에서 벗고, 오른손으로 덮개를 잡아 탄알집꽂이홈이 진방을 향하도록 하여 총을 수직으로 세우고, 왼손은 왼무릎 위로 돌아간다.

(3) 제3동작으로 오른무릎을 약간 들고 일어서면서 오른발을 왼발 앞으로 꼬아 양반자세로 앉는다. 이때 총을 약간 들어 동작하기 용이하게 한다.

(4) 최종 모습은 맨손 제식 앉아와 동일한 형태이나 총은 오른무릎 옆에 수직으로 세워 덮개를 잡는다.

다) 우로어깨걸어총에서 제자리 앉아 실시요령

(1) 제1동작에 멜빵을 잡은 오른손을 위로 올려 총구가 앞으로 나올 때 왼손으로 덮개를 잡는다.

(2) 제2동작에 멜빵끈을 어깨에서 벗고, 오른손으로 덮개를 잡아 탄알집꽂이홈이 전방을 향하도록 하여 총을 수직으로 세우고, 왼손은 차려자세로 돌아간다.

(3) 제3동작에 오른발을 왼발 앞으로 꼬아 양반자세로 앉는다.

(4) 최종 모습은 맨손제식 제자리 앉아와 동일한 형태이나 총은 오른무릎 옆에 수직으로 세워 덮개를 잡는다.

제1동작 제2동작 제3동작 제자리 앉아

(5) "쉬어" 구령에 총기의 어깨받침쇠를 오른무릎 앞으로 옮긴 후 총열 소염기 부분을 왼허벅다리 위에 올려놓는다. 상체 및 양팔을 가볍게 움직일 수 있으나, 다른 사람과 말을 할 수 없다.

(6) "편히쉬어" 구령에 손을 집거나 양발을 바꾸거나 다리를 전방으로 뻗을 수 있고, 손을 짚는 등 편하게 동작을 취할 수 있으며, 대형 안에서 다른 사람과 작은 목소리로 대화를 할 수 있다.

(7) 쉬어, 편히쉬어 자세에서 "앉은채로 차려" 구령에 제자리앉아 자세로 복귀

4) 제자리 앉아에서 우로어깨걸어총

가) 구 령 : "일어 서"

나) 요 령

(1) 제1동작에 왼손을 좌후방으로 짚은 후 반동을 이용해 신속히 일어서는 것과 동시에 꼬아진 오른발을 풀어 왼발에 붙이며, 차려자세를 취한다. 이때 총기는 어깨 받침쇠를 빼지 않은 앞에총 자세를 취한다.

(2) 이후 앞에총에서 우로어깨걸어총 제2, 3동작과 같은 요령으로 우로어깨 걸어총 자세를 취한다.

사. 앞 에 총

1) 우로어깨걸어총에서 앞에총

가) 구 령 : "앞에 총"

나) 요 령

(1) 제1동작으로 멜빵을 잡은 오른손을 위로 올려 총구가 앞으로 나올 때 왼손으로 덮개를 잡는다.

(2) 제2동작으로 멜빵끈을 어깨에서 벗고, 왼손으로 총을 몸 앞으로 가져온 후 오른손으로 어깨받침쇠 아랫부분을 받쳐 잡고, 왼손으로 소총 손잡이를 위에서 아래로 잡는다.

(3) 제3동작은 왼손 검지손가락으로 어깨받침쇠 멈치를 눌러 어깨받침쇠를 2단까지 뽑은 후 왼손으로 덮개를 잡고, 오른손으로 어깨받침쇠 하단을 감싸 잡는다.

(4) 이때 오른손 엄지손가락으로는 어깨받침쇠 윗부분을, 나머지 손가락은 그 아랫부분을 잡는다.

(5) 총의 위치는 가늠쇠가 눈높이까지 오게 하며, 양쪽 겨드랑이는 붙이고, 총과 몸은 10cm 정도 이격되도록 한다. 이때 어깨받침쇠는 오른허벅다리, 총열은 왼쪽 어깨 밖으로 나가지 않도록 하면서 대각선을 유지해야 한다.

제1동작 측면 제2동작 제3-1동작 제3-2동작

2) 앞에총에서 우로어깨걸어총

가) 구 령 : “우로어깨걸어 총”

나) 요 령

(1) 제1동작으로 덮개를 잡고 있는 왼손을 옮겨 소총 손잡이를 앞으로 잡고, 검지손가락으로 어깨받침쇠 멈치를 누르는 동시에 오른손으로 어깨받침쇠를 완전히 밀어 넣는다.

(2) 제2동작에 왼손으로 덮개를 잡아 소총 손잡이가 몸 쪽을 향하도록 총을 몸 중앙에 수직으로 세우고, 오른손을 멜빵 안쪽으로 넣어 손바닥이 오른쪽을 향하도록 틀어 손바닥으로 멜빵끈을 잡는다.

(3) 제3동작으로 소염기가 왼쪽을 향하도록 총을 지면과 수평이 되게 내리고, 오른쪽 팔꿈치를 멜빵끈 안쪽으로 넣은 후 오른손으로 멜빵끈을 당겨 총구를 아래로 한 우로어깨걸어총 자세를 취한다. 이때 오른손은 멜빵을 명찰 부분까지 올려 잡고, 왼손은 차려자세로 복귀한다.

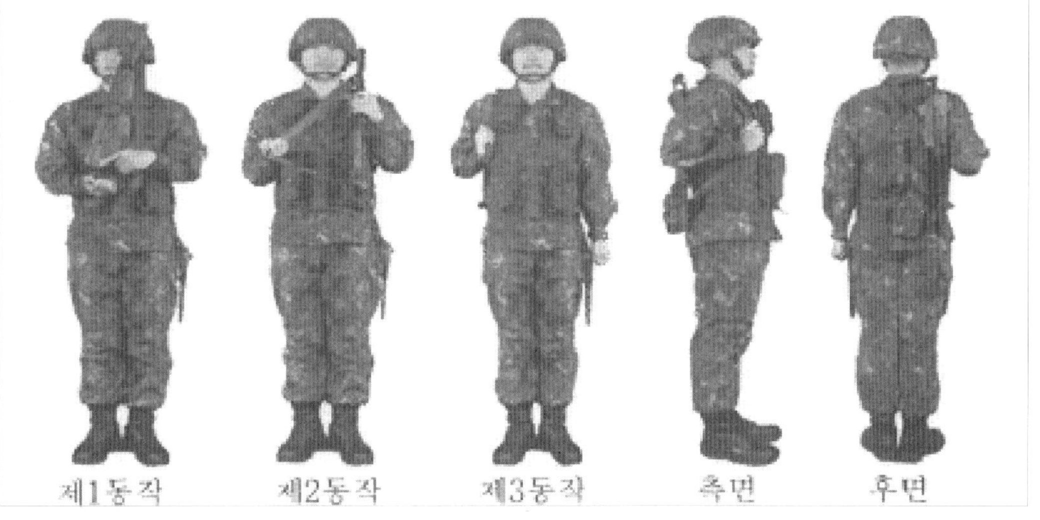

아. 검 사 총

총기휴대 제식훈련 및 조총 의식시 약실 내부의 실탄 유무를 확인하여 안전사고를 예방할 목적으로 실시하는 동작으로 「K1 · K2소총」 교범의 안전검사와는 시기와 방법이 다르다.

1) 우로어깨걸어총에서 검사총

가) 구 령 : “검사 총”

나) 요 령

(1) "검사"라는 예령에 제1 · 2 · 3동작으로 앞에총 자세를 취한다.

(2) 제4동작으로 왼발을 좌측으로 30cm 벌리고, 총을 몸의 중앙에 지면과 수직이 되도록 어깨받침쇠를 허리띠 위에 올려놓는다. 이때 탄알집꽂이홈이 전방을 향해야 한다.

(3) 제5동작으로 오른손 손바닥이 하늘방향을 향하도록 하여 장전손잡이를 잡아 뒤로 당기고, 왼손 엄지와 검지손가락으로 노리쇠멈치 윗부분을 당겨 노리쇠뭉치를 고정한다.

(4) 제6동작으로 왼손을 다시 덮개부분을 받쳐 잡고, 오른손은 어깨받침쇠 하단을 잡아 약실이 열린 앞에총 자세를 취한다.

(5) 제7동작에 총을 시계방향으로 180° 틀어 탄알집꽂이홈이 오른쪽을 향하게 하여 장전손잡이가 눈앞에 오도록 몸의 중앙으로 들어 올려 약실을 검사한다. 오른팔의 상박은 겨드랑이에 밀착하고 하박은 어깨받침대에 밀착시키고, 왼팔은 덮개를 잡고 있는 손등이 전방을 향하도록 하여 앞으로 뻗어 올린다. 총기는 앞에서 보았을 때 수직, 옆에서 보았을 때 80° 정도를 유지하며, 어깨받침쇠는 몸으로부터 10cm 정도 이격시킨다.

(6) "총"이란 동령에 제5동작으로 다시 약실이 여린 상태의 앞에총 자세로 돌아온다.

(7) 탄알집이 있을 때에는 제3동작에서 오른손으로 손잡이를 잡고 왼손으로 탄알집을 잡은 후 오른손 검지손가락으로 탄알집제거눌림쇠를 눌러 탄알집을 뺀다. 제거된 탄알집은 탄입대에 넣은 후 제4동작으로 넘어간다.

2) 검사총에서 우로어깨걸어총

가) 구 령 : "우로어깨걸어 총"

나) 요 령

(1) 제1동작으로 왼발을 좌측으로 30cm 벌리고, 총을 몸의 중앙에 지면과 수직이 되도록 어깨받침쇠를 허리띠 위에 올려놓는다. 이때 총기는 탄알집꽂이홈이 전방을 향하고, 옆에서 보았을 때 80° 정도를 유지해야 한다.

(2) 제2동작에 왼손 손바닥으로 노리쇠멈치를 눌러 노리쇠뭉치를 전진시킨 후 덮개를 잡는다.

(3) 제3동작에 오른손으로 손잡이를 잡고 검지손가락으로 방아쇠를 당겨 격발 시킨다.

(4) 제4동작으로 앞에총 자세를 취한다.

(5) 제5, 6, 7동작으로 앞에총에서 우로어깨걸어총 자세와 동일하게 행동한다.

제1동작 제2동작 제3동작 제4동작

자. 멜빵조정

> 총기휴대 제식동작 중 걸어총, 어깨걸어총, 비껴걸어총을 하고자 할 때 멜빵을 늘이거나, 늘여진 멜빵을 줄이기 위한 동작이다. 이 동작은 앞에총 자세에서만 실시한다.

1) 멜빵 늘이기

가) 구 령 : "멜빵 늘려"

나) 요 령

(1) 제1동작으로 오른발을 우전방으로 1족장 비껴 내딛고 손잡이가 왼발을 향하도록 하여 개머리판을 오른쪽 요대 위에 올려놓는다.

(2) 제2동작에 왼손으로 덮개부분을 잡고 몸을 약간 앞으로 숙이면서 오른손 하박으로 총몸 장전손잡이 부분을 받친다.

(3) 제3동작에 양손으로 멜빵을 늘인다.

(4) 제4동작으로 오른발을 왼발에 붙이면서 앞에총 자세를 취한다. 멜빵이 왼팔 안으로 들어와야 하고, 왼손으로 멜빵과 덮개를 함께 잡아서는 안 된다.

제1동작 제2동작 제3동작 제4동작

2) 멜빵 줄이기

가) 구 령 : "멜빵 줄여"

나) 요 령

(1) 제1, 2동작은 멜빵 늘이기 제1, 2동작과 동일하다.

(2) 제3동작으로 양손으로 멜빵을 줄인다. 먼저 왼손으로 멜빵 조임쇠를 풀고 멜빵 끝을 멜빵 아랫고리의 안쪽에서 밖으로 빼내어 아래로 힘껏 잡아당기고, 오른손으로 멜빵과 덮개를 함께 잡아 멜빵이 풀리지 않도록 한다. 왼손으로 멜빵 줄임쇠를 덮개 상단으로 위치시켜 조임쇠를 조인 후 멜빵 끝을 멜빵 아랫고리의 밖에서 안쪽으로 집어넣어 남은 멜빵이 외부에 보이지 않도록 처리한다.

(3) 제4동작으로 오른발을 원위치 시키며 앞에총 자세를 취한다.

차. 비껴걸어총

> 높은 곳으로 올라가거나 낮은 곳으로 내려올 때, 장거리 행군 때, 양 손으로 물건을 운반 할 때와 같이 두 손을 자유롭게 사용하고 싶을 때 멜빵을 이용하여 총을 등 뒤로 걸쳐 멘 자세이다.
> 총구를 위로 또는 아래로 하는 두 가지 방법이 있으며, 현지 상황에 편리하도록 지휘자의 판단에 따라 어느 자세이건 실시할 수 있다.
> 이 동작은 멜빵을 충분히 늘인 앞에총 자세에서만 실시할 수 있다. 비껴걸어총 완료 후 목이 쓸리지 않도록 전투복 깃은 멜빵 위로 올라와야 한다.

1) 총구를 위로 한 비껴걸어총

가) 구 령 : "총구 위로 비껴걸어 총"

나) 요 령

(1) 제1동작으로 덮개를 잡고 있는 왼손을 옮겨 소총 손잡이를 위에서 아래로 잡고, 검지손가락으로 어깨받침쇠 멈치를 누르는 동시에 오른손으로 어깨받침쇠를 완전히 밀어 넣는다.

(2) 제2동작으로 왼발을 좌전방 45° 방향으로 반걸음 비껴 내딛고, 오른손으로 덮개를 잡아 총기를 오른쪽 어깨 앞에 딘알집꽂이홈이 전방을 향하도록 하여 수직으로 세운 후 왼손으로 멜빵 중앙부분을 잡아 머리와 오른쪽 어깨가 들어갈 수 있도록 멜빵을 벌린다.

(3) 제3동작으로 총을 들어 올려 머리를 멜빵 안으로 넣은 후 왼손으로 소총 손잡이를 잡고, 덮개를 잡고 있던 오른손은 멜빵과 총몸 안쪽으로 넣어 소총 손잡이를 왼손과 바꿔 잡는다. 이때 소총은 몸의 측면에 몸과 겨드랑이 사이에 손잡이가 하늘방향을 향한 상태로 위치하게 된다.

(4) 제4동작에 왼손으로 왼쪽 어깨부분의 멜빵을 아래로 당김과 동시에 손잡이를 잡고 있는 오른손을 놓아 총을 등 뒤로 비껴 멘 후 왼발을 원위치시켜 차려 자세를 취한다.

2) 총구를 위로 한 비껴걸어총에서 앞에총

가) 구 령 : “앞에 총”

나) 요 령

(1) 제1동작으로 왼발을 좌전방 45° 방향으로 반걸음 비껴 내딛고, 오른손으로 소총 손잡이를 뒤에서 앞으로 잡아당긴다. 이때 소총은 몸의 측면에 몸과 겨드랑이 사이에 손잡이가 하늘방향을 향한 상태로 위치하게 된다.

(2) 제2동작에 왼손으로 소총 손잡이를 잡고, 오른팔을 총몸 안쪽으로 내려서 덮개를 아래에서 위로 받쳐 잡은후 왼손으로 왼쪽어깨부분의 멜빵을잡는다.

(3) 제 3동작으로 총기를 들어 올려 몸에서 소총을 완전히 빼내어 비껴걸어총 제2동작을 취한다.

(4) 제 4동작에 왼손으로 소총 손잡이를 위에서 아래로 잡고, 오른손으로 어깨받침쇠를 받쳐 아, 어깨받침쇠를 빼지 않은 앞에총 자세를 취한다.

(5) 제 5동작에 왼손 검지손가락으로 어깨받침쇠 멈치를 눌러 어깨받침쇠를 2단까지 뽑은 후 앞에총 자세를 취한다.

3) 총구를 아래로 한 비껴걸어총

가) 구 령 : “총구 아래로 비껴걸어 총”

나) 요 령

(1) 제1동작으로 덮개를 잡고 있는 왼손을 옮겨 소총 손잡이를 위에서 아래로 잡

고, 검지손가락으로 어깨받침쇠 멈치를 누르는 동시에 오른손으로 어깨받침쇠를 완전히 밀어 넣는다.

(2) 제2동작으로 왼발을 좌전방 45° 방향으로 반걸음 비껴 내딛고, 총을 시계 반대방향으로 돌려 소염기가 왼쪽을 향하고 총기가 몸 앞쪽에서 지면과 수평이 되게 하여 오른손으로 멜빵 안쪽으로 가늠쇠뭉치를 감싸 잡고, 왼손으로 멜빵 중앙부분을 잡는다.

(3) 제3동작으로 왼팔을 들어 올려 머리를 멜빵 안으로 넣은 후 왼손으로 왼쪽 어깨 부분의 멜빵을 잡고, 오른손은 계속 가늠쇠뭉치를 감싸 잡는다. 이때 총기는 몸 앞쪽에서 몸과 겨드랑이 사이에 손잡이가 지면을 향한 상태로 위치한다.

(4) 제4동작에 왼손으로 왼쪽 어깨 부분의 멜빵을 아래로 당김과 동시에 덮개를 잡고 있던 오른손을 놓아 총을 등 뒤로 비껴 멘 후 왼발을 원위치 시켜 차려 자세를 취한다.

4) 총구를 아래로 한 비껴걸어총에서 앞에총

가) 구 령 : "앞에 총"

나) 요 령

(1) 제1동작으로 왼발을 좌전방 45° 방향으로 반걸음 비껴 내딛고, 오른손으로 가늠쇠뭉치를 뒤에서 몸 앞으로 잡아당긴다. 이때 총기는 몸 앞쪽에 손잡이

가 지면을 향한 상태로 위치하게 된다.

(2) 제2동작에 왼손으로 멜빵을 잡아 몸으로부터 벗겨낸다.

(3) 제3동작에 왼손으로 손잡이를 잡고, 오른손을 멜빵에서 빼내어 어깨받침쇠를 받쳐 잡아, 어깨받침쇠를 빼지 않은 앞에총 자세를 취한다.

(4) 제4동작에 왼손 검지손가락으로 어깨받침쇠 멈치를 눌러 어깨받침쇠를 2단까지 뽑은 후 앞에총 자세를 취한다.

카. 비껴걸어 허리총

비껴걸어 허리총 자세는 경계근무자의 총기휴대 방법 중 하나이며, 단독군장으로 분열 행진시 기관단총을 휴대하는 동작이다. 이 동작은 앞에총 자세에서 멜빵을 충분히 늘인 후 실시한다. 비껴걸어 허리총 완료 후 목이 쓸리지 않도록 전투복 깃은 멜빵위로 올라와야 한다.

1) 비껴걸어 허리총

가) 구 령 : "비껴걸어 허리 총"

나) 요 령

(1) 제1동작으로 덮개를 잡고 있는 왼손을 옮겨 소총 손잡이를 위에서 아래로 잡고, 검지손가락으로 어깨받침쇠 멈치를 누르는 동시에 오른손으로 어깨받침쇠를 완전히 밀어 넣는다.

(2) 제2동작으로 왼발을 좌전방 45° 방향으로 반걸음 비껴 내딛고, 총을 시계 반대방향으로 돌려 소염기가 왼쪽을 향하고 총기가 몸 앞쪽에서 지면과 수평이 되게 하여 오른손으로 멜빵 안쪽으로 넣어 덮개를 감싸 잡고, 왼손으로 멜빵 중앙부분을 잡는다.

(3) 제3동작으로 왼팔을 들어 올려 머리를 멜빵 안으로 넣은 후 왼손으로 멜빵을 잡고, 덮개를 받쳐 잡고 있던 오른손을 멜빵과 총몸 안쪽으로 넣어 다시 덮개를 위에서 아래로 잡는다. 이때 총기는 몸 앞쪽에서 몸과 겨드랑이 사이에 손잡이가 지면을 향한 상태로 위치한다.

(4) 제4동작으로 왼팔로 멜빵을 우측으로 당겨 총구가 앞을 향하게 하고, 오른손으로 총을 허리까지 내려 지면과 수평상태를 만든 후 왼팔과 다리를 차려자세로 복귀시킨다.

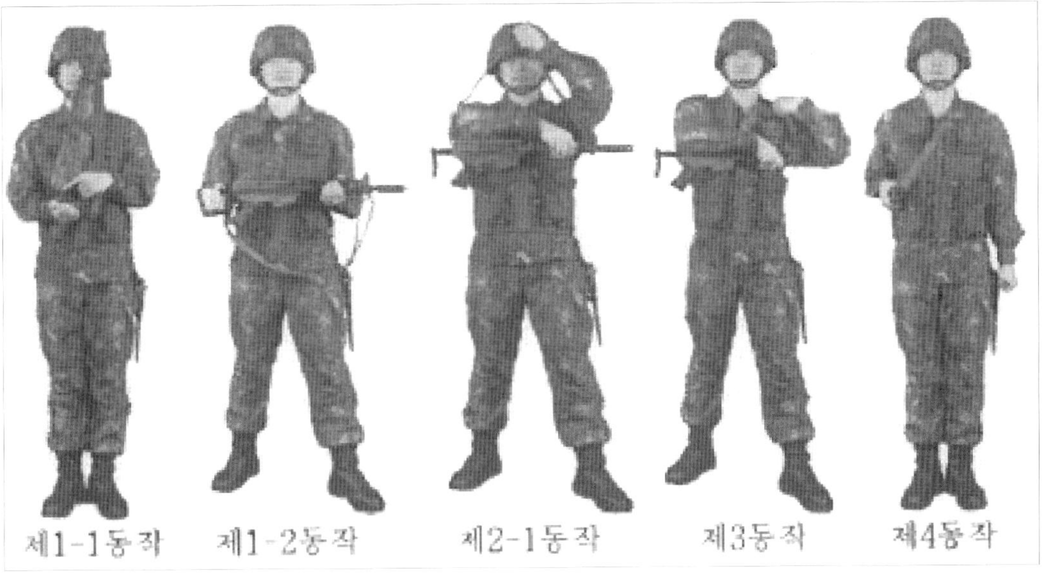

2) 비껴걸어 허리총에서 앞에총

가) 구 령 : "앞에 총"

나) 요 령

(1) 제1동작으로 왼발을 좌전방 45° 방향으로 반걸음 비껴 내딛고, 덮개를 잡은 오른손을 몸 앞쪽으로 당겨온다. 이때 소총은 몸 앞쪽에 손잡이가 지면을 향한 상태로 위치하게 된다.

(2) 제2동작에 왼손으로 멜빵을 잡아 몸으로부터 벗겨낸다.

(3) 제3동작에 왼손으로 덮개를 잡고, 오른손을 멜빵에서 빼내어 어깨받침쇠를 받쳐 잡아, 어깨받침쇠를 빼지 않은 앞에총 자세를 취한다.

(4) 제4동작에 왼손 검지손가락으로 어깨받침쇠 멈치를 눌러 어깨받침쇠를 2단까지 뽑은 후 앞에총 자세를 취한다.

타. 비껴들어총

경계근무자의 총기휴대자세 중 하나이며 사용시기는 해부대 지휘관이 정한다. 이 동작은 앞에총 자세에서만 실시할 수 있다. 우로어깨 걸어총 자세에서 비껴들어총 시에는 먼저 앞에총 자세로 전환한 후 다음 동작을 취한다.

1) 우비껴들어총, 좌비껴들어총

가) 구 령 : "우비껴들어 총"

나) 요 령

(1) 제1동작으로 왼발을 30cm 정도 벌리고, 총을 우전방으로 밀어서 어깨받침쇠를 오른쪽 요대 위에 올려놓는다. 이때 양 손은 앞에총 자세의 잡는 위치와 같으며, 총은 몸의 앞과 옆에서 보았을 때 지면과 각각 45°를 유지하고, 장전손잡이가 몸 안쪽을 향한다.

(2) 제2동작에 오른손으로 덮개 아랫부분을 잡고, 왼팔은 차려자세를 취한다.

(3) 좌비껴들어총은 우비껴들어총의 반대로 실시하고 제2동작은 오른팔을 차려자세로 복귀시킨다.

2) 우비껴들어총 및 좌비껴들어총에서 앞에총

가) 구령 및 요령 : 구령은 “앞에 총”이다. 각 동작의 역순으로 실시한다.

3) 우비껴들어총 ↔ 좌비껴들어총 전환

가) 구 령 : 좌측으로 옮길 경우 구령은 “좌비껴들어 총” 이다.

나) 요 령

(1) 제1동작에 우비껴들어총 자세에서 왼손으로 총목을 잡는다.

(2) 제2동작에 어깨받침쇠가 요대를 따라 좌비껴들어총 위치로 이동한다.

(3) 제3동작에 왼손과 오른손을 교체시키면서 왼손은 덮개를 잡아주고, 오른팔은

차려자세를 취한다.

(4) 우비껴들어총으로 전환은 위 내용의 반대로 실시한다.

파. 꽂 아 칼

> 경계작전, 총검술 훈련, 기타 필요시 소총에 대검을 결합하는 동작으로, 이 동작은 앞에총 자세에서만 실시한다.

1) 구 령 : "꽂아 칼"

2) 요 령

가) "꽂아" 구령 제 1동작에 오른손으로 왼손 윗부분의 덮개를 잡고, 탄알집꽂이홈이 지면을 향하도록 90° 틀어, 어깨받침쇠를 양 허벅다리 사이에 끼우며, 시선은 총기를 바라본다.

나) 제2동작에 왼손으로 덮개를 잡고, 오른손으로 왼쪽 허리에 차고 있는 대검집 단추를 연 다음 엄지손가락으로는 대검고리를, 검지손가락으로는 대검코를 잡으며, 나머지 손가락으로는 손잡이를 잡고 대검의 윗날이 보일 때까지 빼낸다. 이때 시선은 정면을 향한다.

다) 제3동작으로 대검을 완전히 뺀 다음 대검 날이 눈 앞에 오도록 들어올려 대검의 상태를 확인한다. 오른팔 상박을 옆구리에 밀착한 상태에서 손등이 바깥쪽을 향하고, 대검은 얼굴 중앙에 위치하며, 눈으로부터 약 30cm 정도 떨어져야 한다.

라) 제 4동작으로 대검고리에 소염기를 통과시킨 후 대검을 칼꽂이 홈에 댄다. 이때 시선은 대검을 바라본다.

마) "칼"이라는 동령에 대검을 완전히 꽂고, 총을 들어 "앞에총" 자세를 취한다.

하. 빼 어 칼

1) (구령) 구령은 "빼어 칼"이다.

2) (요령) 실시하는 요령은 아래와 같다.

가) "빼어"라는 예령의 제 1동작은 꽂아칼 제1동작과 같은 요령으로 총을 양 허벅다리 사이에 끼워지도록 밀어 넣는다.

나) 제2동작에 오른손의 엄지와 검지손가락으로 대검 멈치를 눌러 대검을 칼꽂이 홈에서 분리시키고, 오른손 엄지손가락은 대검 고리를, 검지손가락은 대검코를 잡으며, 나머지 손가락으로 손잡이를 잡는다. 이때 시선은 대검을 향한다.

다) 제3동작에 꽂아칼의 제3동작과 같이 한다.

라) 제4동작에 대검고리가 뒤로 향하도록 대검집에 완전히 꽂고, 소총의 덮개를 오른손으로 옮겨 잡은 후 왼손을 대검집 단추에 대서 대검집 단추를 잠글 준비를 한다.

마) "칼"이라는 동령에 대검집 단추를 완전히 잠근 다음 총을 들어 앞에총 자세를 취하고, "우로어깨걸어총" 구령에 해당 자세로 복귀한다.

거. 걸 어 총

1) 휴대하고 있던 소총을 질서정연하게 내려놓는 동작으로 최소 3명이 1개 조가 되어 실시하며 개인별 위치에 따라 취하는 동작이 달라진다.

가) 실시하는 대형 및 준비동작

(1) 대형은 최소 3열 이상이어야 하고, 개인간격은 정식간격으로 조정해야 한다.

(2) 지휘자는 기준을 지정해 주어야 한다. 동작이 3명 1개조로 이루어지므로 통상 2, 5, 8, 11번 등이 기준이 된다. 4열일 경우에는 2번, 5열일 경우에는 3번이 기준이 된다.

(3) 지휘자가 기준을 정한 후 "기준열, 멜빵조정" 이라는 구령에 기준열에 속한 인원은 멜빵 줄이기 자세를 취한 후 멜빵의 줄임쇠가 멜빵 윗고리로부터 10cm 정도에 위치하도록 조정한다.

나) 구 령 : "걸어 총"

다) 요 령

(1) "걸어"라는 예령에 제1동작으로 전원 앞에총 자세를 취한다.

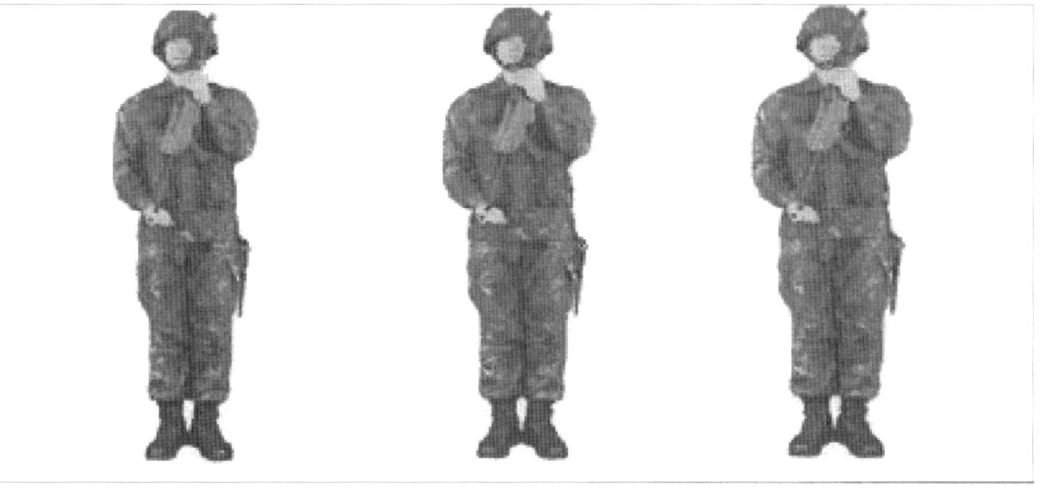

(2) 제2동작으로 기준은 양 발끝을 연하는 선의 중앙에 개머리판의 위쪽 끝을 대고, 탄알집꽂이홈이 전방을 향한 상태로 총을 몸의 중앙에 수직으로 세운다.

(3) 왼손으로 덮개를 잡는데 검지손가락과 가운뎃손가락으로 안쪽 멜빵을 누르고, 오른손 엄지손가락과 검지손가락으로 바깥쪽 멜빵을 벌려서 총구가 들어올 공간을 만든다.

(4) 이때 양쪽사람은 양팔을 펴서 총을 내리는데 총구는 기준 방향, 손잡이는 전방, 총은 지면과 수평 상태를 유지해야 한다. 시선은 모든 인원이 기준의 멜빵을 바라본다.

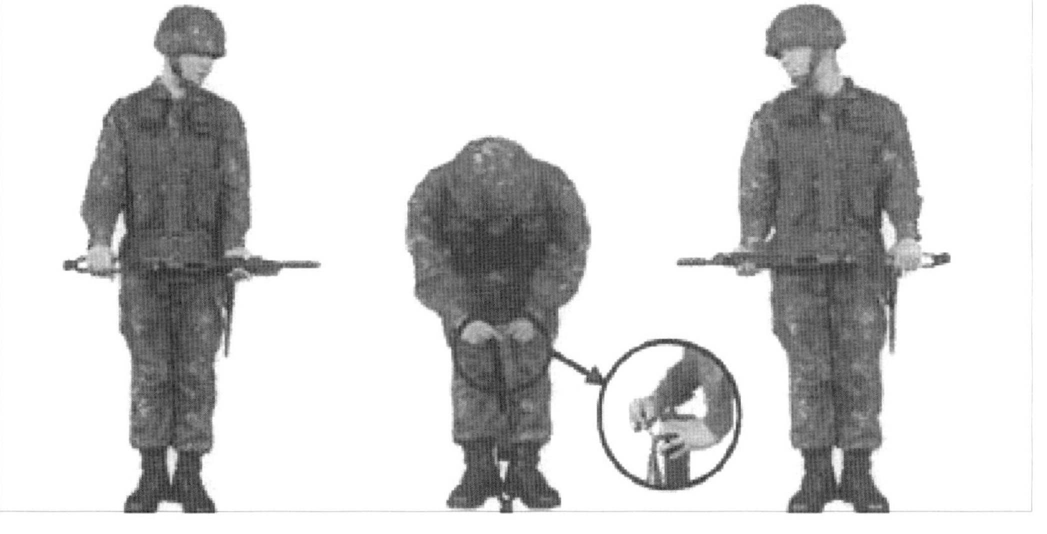

(5) 제3동작으로 양쪽은 사람은 기준 반대방향의 발을 기준 방향으로 약 50cm 정도 비껴 내딛고, 좌측사람부터 먼저 총구를 끼우고 우측사람이 그 위에 총구를 끼운다.

(6) 각자의 어깨받침쇠가 기준병 소총으로부터 좌 · 우로 50cm 정도의 정삼각형을 이루는 위치로 옮겨 지면과 3cm 이격시킨다. 기준은 멜빵을 바라보고, 양쪽 사람은 각자의 어깨받침쇠를 바라본다.

(7) "총"이라는 동령에 어깨받침쇠를 지면에 놓고 일어서며, 발을 끌어당겨 정면을 향해 차려자세를 취한다.

(8) 여분의 총이 있을 때에는 기준병 소총의 좌 · 우로 10cm를 이격시켜 소염기 부분이 교차된 총의 멜빵과 소염기 사이에 위치하도록 왼쪽에 기대어 세우고 여분의 총이 2정인 경우 양쪽에 기대어 세워놓는다.

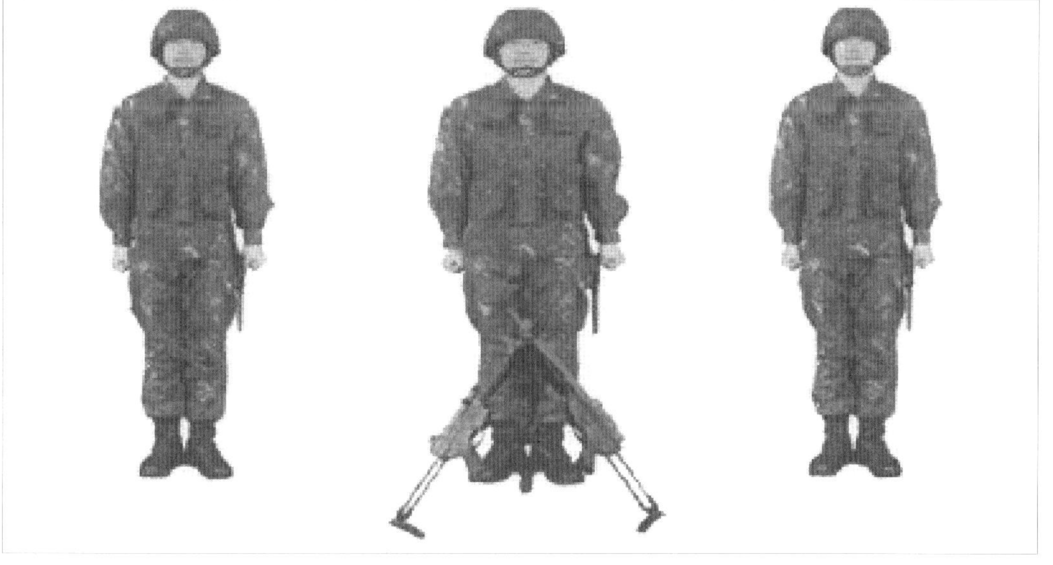

너. 풀 어 총

> 걸어총 상태에 있는 총기를 각 개인이 다시 휴대하기 위한 동작으로 걸어총의 역순으로 실시한다.

1) 구 령 : "풀어 총"
2) 요 령
   가) "풀어" 구령에 제1동작으로 걸어총 제3동작과 동일하게 취한다.
   나) 제2동작에 걸어총 제2동작과 동일하다.
   다) "총" 구령에 전원 앞에총 자세를 취한다.
   라) 풀어총이 끝난 후 기준열은 "기준열 멜빵조정"이라는 구령에 원상태로 조정한다.

더. 총기휴대시 경례

> 1. K2소총 휴대시처럼 총을 세워 받들어총을 하지 않고 거수 경례를 한다.
> 2. 구령은 대상자가 사람일 경우에는 "00님께 경례" 사람이 아닐 경우에는 "00에 대하여 경례" 이며, 최초자세로 복귀시 구령은 "바로"이다. 기관단총이 다른 소총과 혼합 편성되었을 경우에는 "받들어 총"과 "세워 총" 구령에 행동을 취한다.
> 3. 경례는 우로어깨걸어총, 비껴들어총, 비껴걸어 허리총 자세에서 실시한다.

1) 우로어깨걸어총시 경례

가) 구 령 : "경례" 또는 "받들어 총"

나) 요 령

(1) 제1동작으로 왼손은 멜빵을 받쳐 잡고 있는 오른손 엄지손가락 바로 위로 옮겨 멜빵을 잡는다. 이때 손등은 하늘방향이며, 하박은 지면과 수평을 유지하여야 한다. 왼손 엄지손가락을 멜빵 안쪽으로 넣어 검지손가락 측면과 함께 멜빵을 잡는다.

(2) 제2동작으로 오른손을 최단거리로 올려 거수경례를 실시한다.

(3) 바로 또는 세워총시 제1동작으로 오른손을 내리면서 주먹을 쥐고 차려 위치까지 내려간다. 제2동작으로 오른손을 올려 최초 위치에서 멜빵을 잡고, 제3동작으로 왼손을 내려 차려자세를 취한다.

(4) 우로어깨걸어총시 경례구호는 제1동작에 손을 올림과 동시에 "충", 제2동작에 멜빵을 놓음과 동시에 "성" 구호를 붙인다.

2) 비껴들어총시 경례

가) 요 령 : 실시하는 요령은 비껴들총 자세를 유지한 상태로 맨손 제식시와 같은 방법으로 거수경례를 실시하고, "바로" 구령에 오른손을 내려 차려자세로 복귀한다.

(1) 좌비껴들어총 자세시는 맨손 제식시의 경례동작과 동일하게 실시한다.

(2) 우비껴들어총 자세시는 먼저 좌비껴들어총으로 옮긴 다음 차려자세에서 거수경례를 실시한다.

3) 비껴걸어 허리총 시 경례

가) 요 령

(1) 제1동작에 왼손으로 소염기를 아래에서 위로 받쳐 잡고 총을 왼쪽으로 돌린다.

(2) 제2동작으로 오른손을 최단거리로 올려 거수경례 한다.

(3) "바로" 구령에 제1동작으로 오른손을 내려 덮개를 잡고, 제2동작으로 총을 오른쪽으로 돌리고, 제3동작에 왼손을 놓음과 동시에 비껴걸어 허리총 자세로 복귀한다.

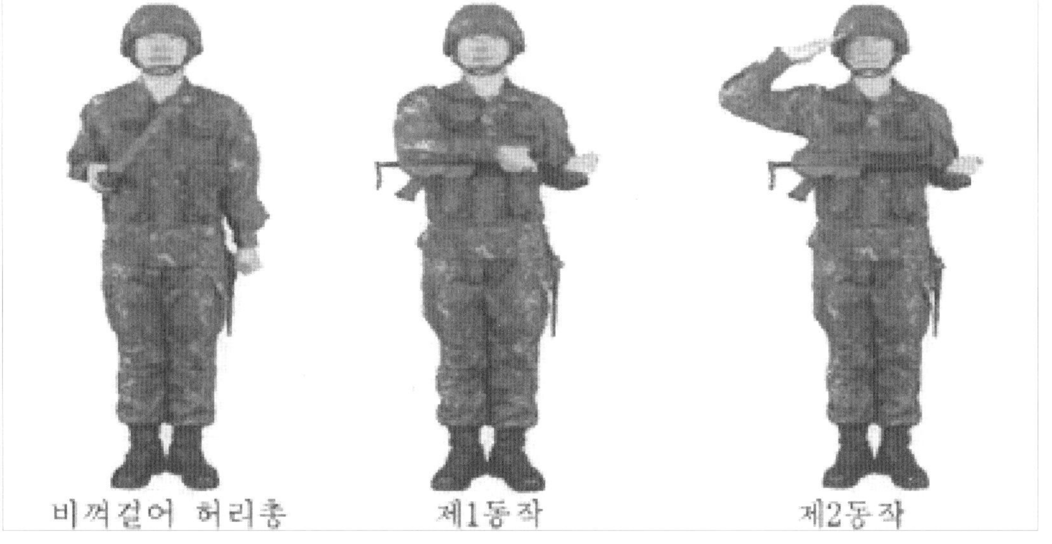

3. K3, M60기관총휴대 제식

가. 기본 행동요령

(1) 기관총은 정지간 세워총 자세가 없으며, 양각대를 펴서 우측발 10cm 옆에 총의 운반손잡이 부분이 위치하도록 지면에 내려 놓는다.
(2) 이동간 기관총의 기본 휴대자세는 비껴걸어 허리총이다.
(3) 기관총은 정지간 세워총 자세가 없으며, 양각대를 펴서 우측발 10cm 옆에 총의 운반손잡이 부분이 위치하도록 지면에 내려 놓고, 기타 행동은 맨손제식시의 자세와 동일하다.
(4) 기관총은 받들어총 자세가 없으며, 지휘자의 “받들어 총” 구령에 거수경례를 한다.
(5) 탄알집은 통상 기관총에서 제거한다.
(6) 의식행사시 기관총 사수는 대형의 맨 후미에 정렬한다.

나. 비껴걸어 허리총

1) 구 령 : “비껴걸어 허리총”

가) 이동 간 기관총 휴대자세로 멜빵이 왼쪽 어깨와 오른쪽 겨드랑이를 지나도록 한다.

나) 총은 우측 허리 부분에 총열덮개 중앙 부분이 오도록 하여 오른손으로 운반손잡이 연결고리 부분을 손바닥으로 감싸 쥐고 이동한다.

다) 왼손은 맨손 제식시와 동일하다.

라) 비껴걸어 허리총 완료 후 목이 쓸리지 않도록 전투복 깃은 멜빵 위로 올라와야 한다.

2) 요 령

가) 제1, 2동작으로 맨손제식 무릎앉아 자세를 취한다.

나) 제3동작으로 왼손으로 멜빵을 들고, 머리를 멜빵 안쪽으로 통과시켜, 멜빵이 왼쪽 어깨와 오른쪽 겨드랑이를 지나도록 하고, 오른손으로 운반손잡이를 감싸 잡는다.

다) 제4, 5동작으로 일어서서 차려자세를 취한다.

라) 총은 총몸이 우측 허리 부분에 위치한 상태로 지면과 수평을 유지하고, 오른팔 상박은 옆구리에 밀착시킨다.

마) 총을 내려놓는 동작은 제1, 2동작으로 무릎앉아 자세를 취한 후, 제3동작으로 총기를 지면에 내려놓고 멜빵을 벗겨내고, 제4, 5동작으로 일어서서 차려자세를 취한다.

다. 내려총

1) 구 령 : “내려 총”

2) 요 령

가) 제1, 2동작으로 맨손제식 무릎앉아 자세를 취한다.

나) 제3동작으로 총기를 우측발 10cm 옆에 총의 운반손잡이 부분이 위치하도록 지면에 내려놓고, 왼손으로 멜빵을 벗겨낸다. 이때 운반손잡이는 눕혀져 있어야 한다.

다) 제4, 5동작으로 일어서서 차려자세를 취한다.

라. 거수경례

1) 구 령 : 구령은 대상자가 사람일 경우에는 “00님께 대하여 경례”, 사람이 아닐 경우에는 “00에 대하여 경례”이며, 최초자세로 복귀시 구령은 “바로”이다. 기관총이 다른 소총과 혼합 편성되었을 경우에는 “받들어 총”과 “세워 총” 구령에 행동을 취한다.

2) 요 령

가) 총기를 지면에 내려놓은 경우에는 맨손제식의 거수경례와 동일하게 실시한다.

나) 비껴걸어 허리총 자세로 휴대한 경우에는 제1동작으로 왼손바닥으로 덮개 윗부분을 눌러 잡아 총을 고정시키고, 제2동작으로 오른손을 올려 거수경례를 실시한다.

다) 경례구호는 제1동작에 “충”, 제2동작에 “성”을 붙인다.

라) “바로” 또는 “세워 총” 구령에 제1동작으로 오른손을 하의 재봉선 부분까지 내렸다가, 제2동작으로 운반손잡이를 잡은 후, 제3동작으로 덮개를 잡은 왼손을 차려자세로 복귀시킨다.

총기를 지면에 놓은 경우 비껴걸어 허리총 제1동작 제2동작

4. 권총휴대 제식

가. 기본 행동요령

(1) 권총을 휴대할 때는 항상 지정된 권총집과 허리띠를 사용하여 권총집 중앙이 하의 오른쪽 봉합선 위에 오도록 달거나, 가슴에 휴대하는 권총집의 경우 왼쪽 가슴 위에 오도록 위치를 조정한다.
(2) 권총은 소총 제식과 달리 일치된 동작을 요구하지 않는다.
(3) 권총 휴대시 모든 동작은 맨손 제식시와 동일하게 적용되나 차려, 열중쉬어, 분열 행진시에는 오른손으로 권총집을 가볍게 감싸 잡는다.
(4) 권총은 받들어총 자세가 없으며, 지휘자의 "받들어 총" 구령에 거수경례를 한다.
(5) 훈련 종료 후 해산할 때는 검사총을 실시함을 원칙으로 한다.

나. 차　려

1) 구 령 : "차려"
2) 요 령 : 맨손제식의 차려자세와 동일하다. 다만 지휘봉 휴대시 지휘봉은 지면과 수평하게 유지한다.

다. 쉬　어

1) 쉬어자세는 열중쉬어, 쉬어, 편히쉬어가 있으며, 구령과 실시요령, 차려자세로 복귀 방법은 맨손제식 동작과 동일하다.
2) 지휘봉 휴대시 지휘봉은 지면과 45° 유지해야 한다. 왼손을 요대에 올릴 때 엄지손가락을 검지손가락 측면에 붙인다.

라. 올려총

1) 올려총 자세는 사격 및 검사총을 위한 준비자세이다.
2) 구 령 : "올려 총"
3) 요 령
가) 제1동작으로 권총집을 바라보고 오른손 엄지손가락과 검지손가락으로 권총집의 단추를 열고, 검지손가락을 제외한 나머지 손가락으로 권총의 손잡이를 감싸 잡고 검지손가락은 걸쇠 위에 올린다.
나) 2동작에 검지손가락으로 걸쇠를 누른 후 권총을 꺼내 들고 전방을 바라본다.
다) 오른손 검지손가락은 방아쇠 울 옆에 펴서 붙이고, 오른팔 상박을 겨드랑이에

붙이며, 하박은 45°로 굽힌다.

라) 왼손은 손잡이를 잡고 있는 오른손 위를 감싸 잡는다.

마) 권총은 앞에서 보았을 때 수직, 옆에서 보았을 때 45° 유지한다.

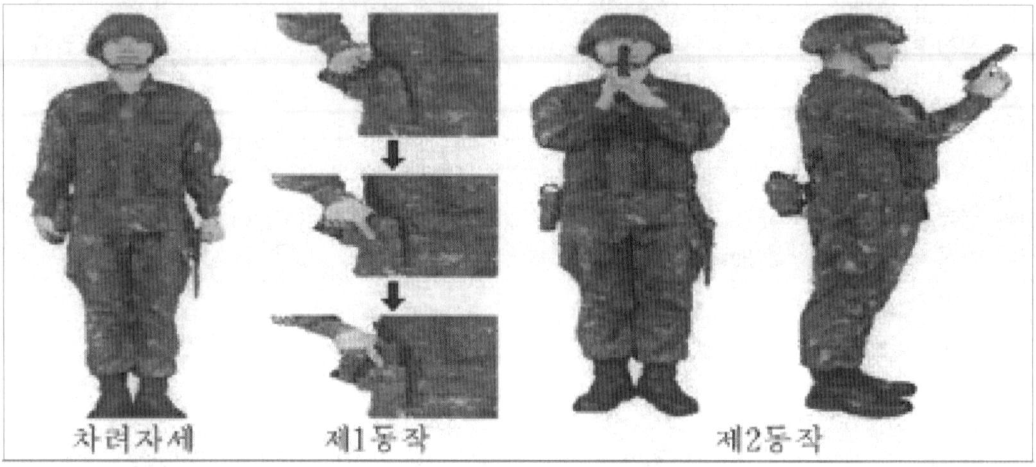

마. 올려총에서 검사총

1) 구 령 : "검사 총"

2) 요 령

가) 제1동작으로 총기는 올려총 자세를 유지한 상태에서 왼손 엄지손가락으로 안전자물쇠를 안전에 위치시킨다.

나) 제2동작에 오른손 엄지손가락으로 탄알집 멈치를 눌러 탄알집은 분리함과 동시에 왼손으로 탄알집을 제거한다.

다) 제3동작에 왼손으로 가스활대를 후퇴시켜 약실을 검사. 이때 오른손 검지손가락이 방아쇠에 닿지 않도록 주의한다.

바. 검사총에서 올려총

1) 구 령 : "올려 총"

2) 요 령

가) 제1동작으로 총기는 올려총 자세를 유지한 상태에서 왼손으로 가스활대를 전진시키고, 안전자물쇠를 사격 위치에 놓은 후, 왼손으로 손잡이를 잡고 있는 오른손 위를 감싸 잡는다.

나) 제2동작에 오른손 검지손가락으로 방아쇠를 당겨 격발한다.

다) 제3동작에 왼손 엄지손가락으로 안전자물쇠를 안전에 위치시킨다.

라) 제4동작에 왼손으로 탄알집을 권총에 꽂는다.

마) 제5동작에 왼손으로 오른손을 감싸 잡아 올려총 자세를 취한다.

사. 올려총에서 내려총

1) 구 령 : “내려 총”

2) 요 령

가) “총”이라는 동령에 제1동작에 권총집을 바라보고 왼손으로 고정끈 단추를 잡고, 권총을 권총집에 넣는다.

나) 제2동작에 오른손 검지손가락으로 걸쇠를 누른 후 권총을 완전히 넣은 후 단추를 잠근다.

제1동작

제2-1동작

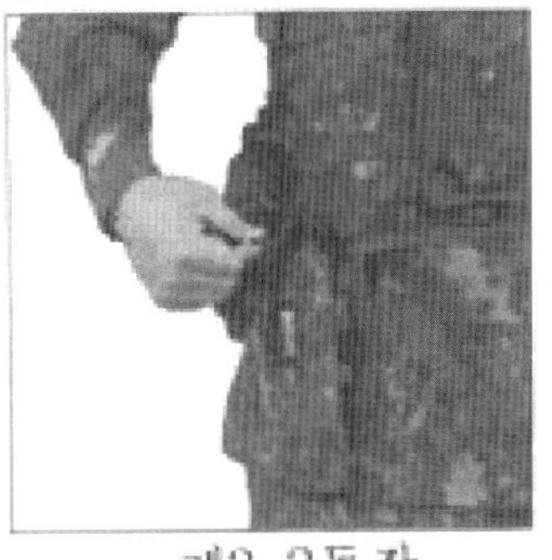
제2-2동작

제3장 부대 제식

제1절 목 적

1. 부대제식을 숙달함으로써 연대급 이하 제대의 지휘관(자)의 명령에 따라 부대의 행동을 통일하기 위하여 실시한다.
2. 부대제식의 기본원칙은 건제유지와 지휘계통 유지이다.
3. 분열, 사열 등의 공식적이고 대외적인 행사를 제외하고는 반드시 건제 단위 대형을 갖춘다.

제2절 분대 제식

분대제식을 실시할 때 기본적인 행동요령은 아래와 같다.
1. 분대는 기본적으로 건제를 유지한 가운데 모든 제식을 적용하고, 분대제식은 분대장 지휘하에 실시한다.
2. 분대장의 분대의 중앙으로부터 3보 앞에 위치힌다. 분대가 소대의 일부로서 정렬할 경우 횡대대형에서는 분대의 맨 오른쪽에, 종대대형에서는 분대의 선두에 위치한다.
3. 분대는 통상 1오 횡대 또는 1열 종대로 분대 구성번호 순서대로 정렬한다.
4. 분대가 정렬시 통상 개인간격은 정식간격, 개인거리는 1m를 유지한다.
5. 분대 단독으로 행진할 경우 통상 2열 종대대형으로 실시하며, 횡대대형 행진은 위치 및 방향을 변경하기 위해 짧은 구간을 이동할 때 실시한다.
6. 총기휴대시에 분대장은 우로어깨걸어총 상태로 지휘하고, 각 분대원은 K2소총의 경우 세워총, 기관단총의 경우 우로어깨 걸어총, 기관총의 경우 비껴걸어 허리총 자세로 정렬한다.
7. 총기를 휴대한 훈련 종료 후 해산할 때는 검사총을 실시함을 원칙으로 한다.

1. 집 합

분대의 각 구성원이 흩어져 있다가 분대장의 구령에 의해 모이는 행동을 말하며, 집합 형태는 1오 횡대대형의 정식간격, 1오 횡대대형의 좁은간격, 1열 종대대형이 있다.

가. 정식간격으로 집합

1) 구 령 : 구령은 “모여”이다. 부대를 명확하게 인식시키기 위해 “○소대 ○분대 모여”라고 할 수 있다.

2) 요 령

가) (분대장) 분대원을 모이게 할 장소에 위치하여 차려 자세를 취하고 구령을 내린다.

나) (분대원) 모든 분대원은 분대장 구령을 힘차게 복창하고 분대장 앞으로 뛰어간다.

다) (기준병) 2번 소총수인 기준병은 분대가 집합했을 때 분대장이 분대의 중앙으로부터 3보 앞에 오도록 자신의 위치를 판단하여 차려 자세를 취하고 왼팔을 들어 올리며 “기준”이라고 외친 후 왼팔을 어깨높이로 올렸다 내린다.

라) (분대원) 구성번호 순서대로 1오 횡대로 서서 왼팔을 어깨높이로 올리고, 머리와 시선은 기준 방향으로 돌린다. 모든 인원이 정식간격을 이루면 기준병부터 순차적으로 팔을 내림과 동시에 고개를 정면으로 돌려 차려자세를 취한다. 순차적으로 팔을 내리기 위해서는 자신의 우측어깨를 오른쪽 사람의 왼손 끝에 붙여야 하고, 오른쪽 사람의 팔이 내려가기 전에 자신의 팔을 내려서는 안 된다.

마) (왼쪽 끝 인원) 분대의 맨 왼쪽 사람은 팔을 올리지 않고 고개만 돌렸다가 오른쪽 사람이 팔을 내리는 순간 고개를 정면으로 돌린다.

나. 좁은간격으로 집합

1) 구 령 : 구령은 “좁은간격으로 모여”이다. 부대를 명확하게 인식시키기 위해 “○소대 ○분대 좁은간격으로 모여”라고 할 수 있다.

2) 요 령 : 실시하는 요령은 정신간격으로 집합과 동일하지만 분대원들의 왼손만 좁은간격 형태로 올린다.

다. 종대로 집합

1) 구 령 : 구령은 “종대로 모여”이다. 부대를 명확하게 인식시키기 위해 “○소대 ○분대 종대로 모여”라고 할 수 있다.

2) 요 령 : 정식간격으로 집합과 동일하나 아래내용만 다르다.

가) (기준병) 기준병은 분대장의 3보 앞에 위치하여 기준을 정한다.

나) (분대원) 구성번호 순서대로 1열 종대로 정렬한다. 팔은 올리지 않으며 앞사람과의 거리는 1m를 유지한다.

2. 해 산

집합한 상태에서 단체행동을 종료하고 각 개인별 행동을 허용하는 방법이다.

가. 구 령 : "헤쳐"

나. 요 령

1) 분대는 통상 횡대대형으로 차려 자세를 취한 상태에서 해산한다.

2) 비무장 시에는 "헤쳐" 구령에 전원 대오를 떠난다.

3) 총기휴대 시에는 해산 전 검사총을 실시하고, "헤쳐" 구령에 우로어깨걸어총 자세를 취하고 대오를 떠난다.

3. 번호 붙이기

분대원의 인원을 파악하거나 각자의 순번을 인식시키기 위한 방법이다. 기본형태는 "차려"자세에서 번호를 붙이지만, 지휘자의 의도에 따라 "앉으면서" 번호를 붙일 수도 있으며, 번호붙이기는 모든 부대제식에서 동일한 방법으로 적용된다.

가. 1오 횡대에서 번호

1) 우에서 좌로 번호

가) 구 령 : "우에서 좌로 번호"

나) 요 령

(1) (기준병) 오른쪽 기준병은 부동자세로 힘차게 "하나"하고 번호를 붙인다.

(2) (분대원) 구령과 동시에 머리와 시선을 오른쪽으로 45° 돌렸다가, 오른쪽에서 왼쪽으로 순번대로 번호를 붙이고, 번호를 붙임과 동시에 머리와 시선을 정면으로 되돌린다.

(3) (왼쪽 끝 인원) 자기 번호를 붙인 후 "번호 끝"이라고 외친다.

2) 좌에서 우로 번호

가) 구 령 : "좌에서 우로 번호"

나) 요 령

(1) (기준병) 왼쪽 기준병은 부동자세로 힘차게 "하나"하고 번호를 붙인다.

(2) (분대원) 구령과 동시에 머리와 시선을 왼쪽으로 45° 돌렸다가, 왼쪽에서 오른쪽으로 순번대로 번호를 붙이고, 번호를 붙임과 동시에 머리와 시선을 정면으로 되돌린다.

(3) (오른쪽 끝 인원) 자기 번호를 붙인 후 "번호 끝"이라고 외친다.

나. 1열 종대에서 번호

1) 뒤로 번호

가) 구 령 : "뒤로 번호"

나) 요 령

(1) (기준병) 기준병은 부동자세로 정면을 향해 힘차게 "하나"하고 번호를 붙임과 동시에 머리와 시선을 오른쪽 어깨 너머로 돌렸다가 정면으로 되돌아간다.

(2) (분대원) 정면을 향하고 있다가, 앞사람의 고개가 돌아온 것이 확인되면 순번대로 번호를 붙인 후 기준병과 같이 고개를 돌렸다가 정면으로 되돌아간다.

(3) (끝 인원) 고개를 뒤로 돌리지 않고 자기 번호를 붙인 후 "번호 끝"이라고 외친다.

2) 앉으면서 번호

가) 구 령 : "앉으면서 번호"

나) 요 령

(1) 선두 인원부터 순차적으로 무릎앉아 자세를 취함과 동시에 번호를 붙인다. 번호는 무릎앉아 제 2동작에 붙인다.

(2) 마지막 인원은 앉지 않고 차려 자세에서 자기 번호를 붙인 후 "번호 끝"이라고 외친다.

다. 2오 횡대 이상의 대형에서 번호

1) 2오 횡대 이상의 대형에서 번호를 붙이는 방법은 1오 횡대와 동일하나 정확한 인원을 파악하기 위해 아래 내용이 추가된다.

가) 마지막 번호를 붙이는 인원은 자기 뒤에 인원이 있으면 "○, 번호끝"이라고 외치고, 자기 뒤에 아무도 없으면 "○, 번호끝 ○결" 이라고 결원을 정확하게 외친다.

나) 마지막 번호를 붙이는 인원 뒤에 서있는 인원이 있으면 뒤에 마지막 인원이 "○결"이라고 외치고, 결원이 없으면 "만"이라고 외친다.

라. 2열 종대 이상의 대형에서 번호

1) 2열 종대 이상의 대형에서 번호를 붙이는 방법은 1열 종대와 동일하나 정확한 인원을 파악하기 위해 아래 내용이 추가된다.

가) 마지막 번호를 붙이는 인원은 자기 좌측에 인원이 있으면 "○, 번호 끝"이라고 외치고, 자기 좌측에 아무도 없으면 "○, 번호끝 ○결"이라고 결원을 정확하게 외친다.

나) 마지막 번호를 붙이는 인원 좌측에 서있는 인원이 있으면 좌측 마지막 인원이 "○결"이라고 외치고, 결원이 없으면 "만"이라고 결원을 정확하게 외친다.

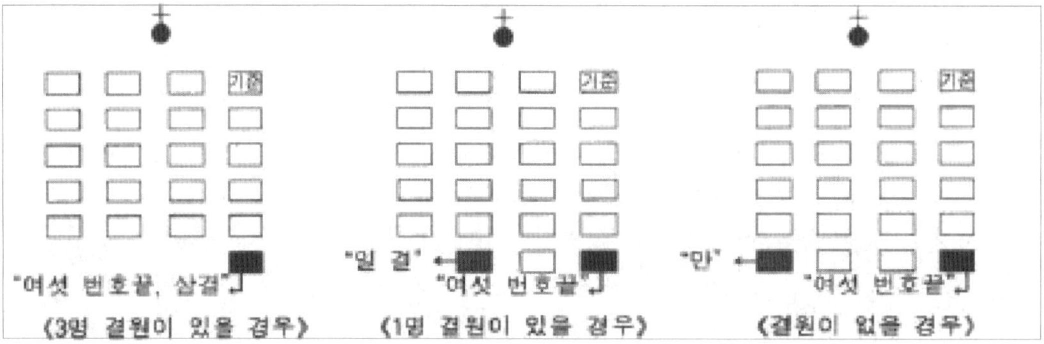

마. 번호다시

1) 구성원들이 번호를 붙이는 과정에서 행동이 잘못되었거나, 번호를 다시 실시할 필요가 있을 경우 지휘자는 "번호다시"라고 구령을 하달한다. 구성원들은 진행 과정을 즉시 멈추고 처음부터 다시 번호를 붙여야한다.

4. 정 렬

현재 분대가 갖추고 있는 대형 안에서 개인의 간격과 거리를 지휘자가 원하는 형태로 변경하는 방법으로 지휘자는 먼저 기준을 지정한 후 자신이 원하는 정확한 간격을 구령에 포함시켜야 한다.

가. 구 령 : 구령은 대형의 형태에 따라 아래와 같다.

1) 기준이 오른쪽 끝 인원일 경우 "○○간격 우로 나란히"이다.
2) 기준이 왼쪽 끝 인원일 경우 "○○간격 좌로 나란히"이다.
3) 기준이 오른쪽 끝 또는 외쪽 끝 인원이 아닐 경우 "○○간격 좌우로 나란히"이다.

나. 요 령

1) (분대장) 자신의 의도에 맞게 대형 안에 있는 인원 중에서 기준을 지정한다.
2) (기준병) 차려 자세를 취하고 왼팔을 들어 올리며 "기준"이라고 외친 후 왼팔을 내린다.
3) (분대원) 기준이 누구인지 확인하고, 분대장의 지휘구령에 귀를 기울인다.
4) (분대장) 자신이 원하는 간격을 포함해 지휘구령을 하달한다
5) (분대원) 분대장이 지시한 간격에 맞게 팔을 들고, 기준 방향으로 머리와 시선을 돌려 옆걸음으로 간격을 조정한 후 대기한다, 가장 왼쪽에 있는 인원은 왼쪽 팔을 들지 않고, 가장 오른쪽에 있는 인원은 오른쪽 팔을 들지 않는다. 총기 휴대시에는 팔을 올리지 않고 거리를 가늠하여 정렬한다.
6) (분대장) 원하는 대형이 갖춰지면 "바로" 구령을 내린다.
7) (분대원) 팔을 내림과 동시에 고개를 정면으로 돌려 차려 자세를 취한다.

다. 정렬이 완료된 후 오와 열이 나란하지 않을 경우, 분대장의 "정렬"이라는 구령에 전원 "정렬"이라고 복창한 후 고개를 기준 방향으로 돌려 오와 열을 신속하게 맞추고 다시 차려 자세를 취해야 한다.

5. 헤쳐모여

분대가 갖추고 있는 지금의 대형을 전혀 다른 형태의 대형으로 변경하는 방법으로 대형안에서 개인간격은 정식간격을 유지한다. 지휘자는 먼저 기준을 지정한 후 자신이 원하는 정확한 대형을 구령에 포함시켜야 한다.

가. 구 령 : 구령은 대형에 따라 "○열 종대 또는 ○오 횡대, 헤쳐모여" 이다.

나. 요 령

1) (분대장) 자신의 의도에 맞게 대형 안에 있는 인원 중에서 기준을 지정한다.
2) (기준병) 차려 자세를 취하고 왼팔을 들어 올리며 "기준"이라고 외친 후 왼팔을 내린다.
3) (분대원) 기준이 누구인지 확인하고, 분대장의 지휘구령에 귀를 기울인다.
4) (분대장) "4열 종대 헤쳐모여"와 같이 자신이 원하는 대형대로 지휘구령을 하달한다.
5) (기준병) 다시 왼팔을 들어올리며 "하나" 라고 외친 후 왼팔을 들고 기다린다.
6) (기준오) 기준병으로부터 가까이에 있는 인원들이 기준 오를 형성한다. 기준병 바로 좌측의 인원은 왼손을 들어올리며 "둘", 세 번째 인원은 "셋", 마지막 인원은 "넷, 번호끝"이라고 외친다. 기준오를 형성한 네 명의 인원들은 왼팔을 들고 있는 상태에서 "헤쳐모여"라는 복창구호와 동시에 손을 내린다.
7) (분대원) 기준오의 마지막 인원이 "번호끝"이라고 외친 후 전 인원은 "헤쳐모여"라고 복창한 후 지금의 대형에서 신속히 이동하여 새로운 대형을 형성한다. 기준열에 선 인원들은 개인거리를 1m로 유지한 상태에서 정면을 바라보고 왼팔을 들어 올린다.
8) 나머지 인원들은 왼팔을 들어 올리고 고개와 시선을 기준열 방향으로 돌려 간격을 조정한다.
9) 마지막 열 인원은 왼팔을 들지 않고 고개와 시선만 돌린다.

6. 행진간 방향 전환

> 분대가 대형을 갖추고 행진간 방향을 좌(우)측으로 전환하기 위한 방법이다. 많은 인원이 대형을 유지한 상태로 방향을 전환해야 하므로 지휘자의 구령에 따라 점진적으로 실시해야 한다. 이 동작은 분대 이상의 부대제식에도 동일하게 적용한다.

가. 바른걸음시 방향전환

1) 구 령 : 구령은 전환하고자 하는 방향에 따라 "줄줄이 좌(우)로 가"이며 전환하고자 하는 방향의 발에 예령과 동령을 하달한다.

2) 요 령

가) (분대장) 행진간 통상 분대의 좌측에 선두로부터 약 2/3 지점에 위치하여 인솔하다가 원하는 지점에서 지휘구령을 내린다. 분대장의 위치는 고정되어 있는 것이 아니며, 이동로의 상황과 여건에 따라 위치를 변경하여 지휘 구령을 내려야 한다.

나) (기준) 좌(우)측 선두가 기준이 되며, "가" 동령에 오른발을 1보 더 내딛고, 제자리걸음을 하면서 점진적으로 좌측방향으로 전환한다. 이때, 고개를 우(좌)측으로 돌려 우(좌)측에 있는 인원들의 이동상태를 확인하여 방향전환 속도를 조절해야 한다.

다) (선두 오) 기준이 포함된 1오가 선두 오가 되며, "가" 동령에 오른발을 1보 더 내딛고, 기준을 축으로 하여 좌(우)로 원호를 그리며 점진적으로 방향을 전환하다. 이때, 각 개인은 고개를 좌(우)측으로 돌려 개인간격을 유지하고 각자의 위치에 따라 보폭을 조절해야 한다. 전 인원의 방향전환이 완료되면 반걸음으로 행진한다. 이때, 기준은 뒤에 있는 인원이 방향을 전환하는 시간을 고려하여 행진속도를 더 줄일 수 있다.

라) (분대원) 방향전환시 좌(우)측열이 기준 열이 되며, "가" 동령에 보폭을 줄여 나아가다가 앞사람과 반걸음 거리가 되면 제자리걸음을 실시하면서 대기한다. 앞사람이 나아가는 상황에 따라 앞으로 이동하다가 선두 오와 동일한 요령으로 방향을 전환한다.

마) (분대장) 전 인원의 방향전환이 완료되면 "바른걸음으로 가" 구령을 내려 바른걸음으로 행진시킨다.

(바) 큰걸음으로 행진간 방향전환은 "제4장 의식"을 참조한다.

나. 뜀걸음시 방향전환

1) 구 령 : 구령은 전환하고자 하는 방향에 따라 "줄줄이 좌로가, 줄줄이 우로 가"이며, 전환하고자 하는 방향의 발에 예령과 동령을 하달한다.

2) 요 령 : 실시요령은 바른걸음시와 동일하나 아래 내용만 다르다.

가) 방향전환이 완료된 후에는 뜀걸음 형태를 유지하되 속도를 과감하게 줄여서 앞으로 이동 한다.

나) (분대장) 전 인원의 방향전환이 완료되면 "뛰어 가" 구령에 정상적인 속도로 뜀걸음 실시한다.

7. 간격 좁히기와 넓히기(오른쪽 기준일 때)

가. 간격 좁히기 : "좁은간격 우로 나란히"

나. 요 령

1) "나란히"라는 동령이 내려지면 소수 인원일 경우 기준병을 제외한 전원은 신속히 잔걸음으로 간격을 좁힌 후 좁은 간격이 될 위치에 정렬한다.
2) 소대 · 중대급 이상 제대가 큰 경우에는 행동의 통일을 위해서 "하나"에 뜀걸음 자세를 취하고, "둘"에 방향을 전환하며, "셋"에 "앗 또는 얏"이라는 구호와 함께 이동하여 정렬한다.
3) 양팔간격에서 정식간격으로 좁히는 경우에도 동일한 요령을 적용한다.

다. 간격 넓히기 : "정식간격 또는 양팔간격 우로 나란히"

라. 요 령 : 실시하는 요령은 기준병을 제외한 전 인원이 정식간격 또는 양팔간격으로 넓히는 것외에 개인 행동요령은 위 좁히기와 동일하다.

제3절 소대 제식

소대제식을 실시할 때 기본적인 행동요령은 아래와 같다.
1. 소대제식은 기본적으로 건제를 유지한 가운데 모든 제식을 적용하고, 소대장 지휘하에 실시하며, 소대장이 없을 경우에는 부소대장이 실시한다.
2. 소대장은 소대가 중대의 일부로서 정렬시 종대대형에서는 제1분대 앞, 횡대대형에서는 제1분대 오른쪽에 위치한다. 소대가 단독으로 행동시에는 대형에 상관없이 통상 소대의 중앙으로부터 6보 앞에 위치하여 소대를 지휘한다.
3. 부소대장은 소대 종대대형에서는 소대본부 앞, 횡대대형에서는 소대본부 오른쪽에 위치하고, 소대 단독으로 행진시 부소대장은 1분대 맨 뒤에 위치한다.
4. 소대의 구성단위는 분대이므로 분대단위로 정렬한다. 소대본부는 분대와 동일한 구성단위로 간주한다.
5. 소대가 단독으로 집합할 경우 통상 횡대대형을 유지한다. 소대횡대는 1분대가 선두에서 1오를 형성하고, 1분대 뒤로 2분대, 3분대, 소대본부가 정렬한 대형이다.
6. 소대가 중대의 일부로 집합할 경우 통상 종대 대형을 유지한다. 소대, 종대는 1분대가 맨 우

측에 1열을 형성하고, 1분대 좌측으로 2분대, 3분대, 소대본부가 정렬한 대형이다.
7. 소대가 정렬시 분대간의 간격은 통상 정식간격을 유지한다.
8. 소대는 통상 종대대형으로 행진하고, 횡대대형 행진은 위치 및 방향을 변경하기 위해 짧은 구간을 이동할 때 실시하며, 소대 행진시 해동의 기준은 우측열인 1분대 인원이 된다.
9. 총기휴대시에 소대장은 우로어깨걸어총 상태로 지휘하고, 각 소대원은 K2 소총의 경우 세워총, 기관단총의 경우 우로 어깨걸어총, 기관총의 경우 비껴걸어 허리총 자세로 정렬한다.
10. 훈련종료 후 해산할 때는 검사총을 실시함을 원칙으로 한다.

1. 집 합

소대의 각 구성원이 흩어져 있다가 한 곳에 모여 대형을 갖추는 행동을 말한다.
집합 형태는 소대 횡대대형과 소대 종대대형이 있다.

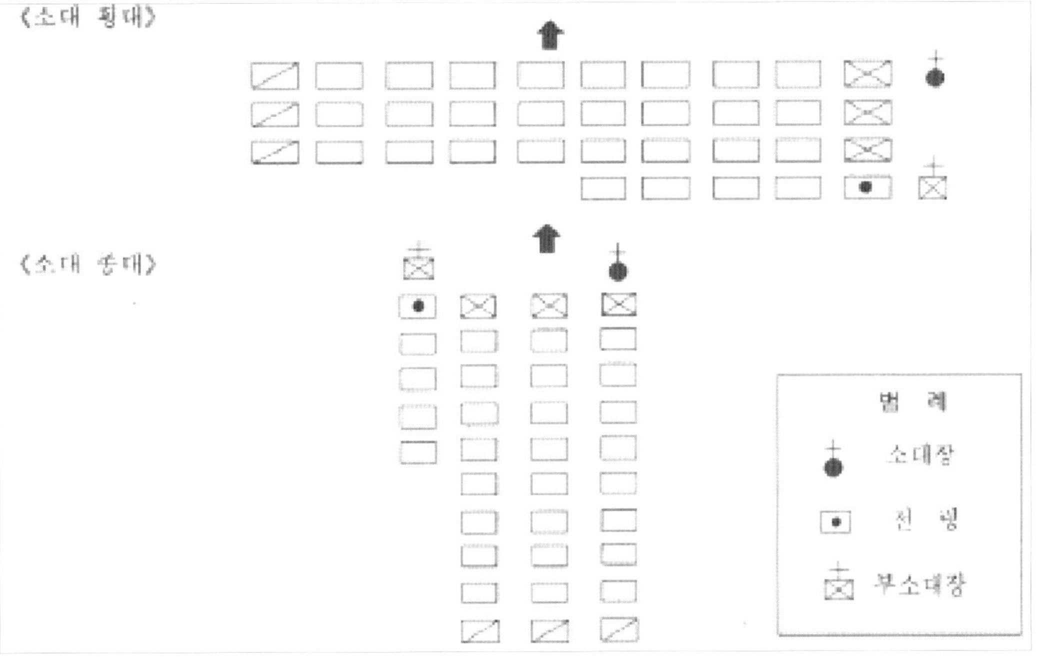

가. 소대 횡대로 집합

1) 구 령 : 구령은 "횡대로 모여"이다. 부대를 명확하게 인식시키기 위해 "○중대 ○소대 횡대로 모여"라고 할 수 있다.

2) 요 령

가) (소대장) 소대원을 모이게 할 장소에 위치하여 차려 자세를 취하고 구령을 내린다.

나) (소대원) 모든 소대원은 소대장의 구령을 힘차게 복창하고 소대장 앞으로 뛰어 간다.

다) (분대장) 1분대장이 기준이 되며, 소대가 집합했을 때 소대장이 소대의 중앙으로부터 6보 앞에 오도록 자신의 위치를 판단하여 차려 자세를 취하고 왼팔을 들어 올리며 "기준"이라고 외친 후 왼팔을 수평으로 어깨높이로 올렸다 내린다.

라) (분대장) 각 분대장 및 소대본부의 기관총 1총 사수는 1분대장의 뒤에 1m 거리를 유지한 상태로 서서 왼팔을 들어 올린다.

마) (소대원) 나머지 소대원은 자신의 분대에서 구성번호 순서대로 1오 횡대로 대형을 갖춘다. 각 분대 구성원이 집합하는 요령은 분대집합과 동일하다.

바) (분대장) 집합과 동시에 좌에서 우로 번호를 통해 분대원의 인원을 최우선으로 파악해야 한다.

사) (분대장) 소대장이 정위치하면 분대장은 건제를 유지하여 소대장에게 인원을 보고한다. 만약 소대장이 없을 경우에는 부소대장이 소대장으로서의 역할을 수행한다.

아) (소대장) 소대가 중대의 일부로 집합할 경우에는 1분대장 앞 3보 전방에 위치한다.

나. 소대 종대로 집합

1) 구 령 : 구령은 "종대로 모여"이다. 부대를 명확하게 인식시키기 위해 "○중대 ○소대 종대로 모여"라고 할 수 있다.

(2) 요 령 : 집합 절차 및 행동요령은 횡대로 집합과 동일하나, 각 분대장이 1분대장 좌측으로 정식간격을 유지한 상태로 서고, 소대원은 자신의 분대에서 구성번호 순서대로 앞사람과 의 거리를 1m를 유지한 상태로 정렬한다. 각 분대장은 뒤로 번호를 통해 분대원의 인원을 파악한다.

2. 해 산

소대장이 소대의 단체행동을 종료하고 각 분대 또는 개인별 행동을 허용하는 방법으로 해산과 헤쳐 두 가지가 있다.

1) 구 령 : "각 분대별로 해산"

2) 요 령

가) (부소대장) 대열에서 자동으로 이탈한다.

나) (분대장) 소대장 구령을 복창한 후 자기 분대를 지휘하고, 분대장의 권한으로 분대원을 해체 시킬 수 있다.

다) 소대장이 "이후 통제는 부소대장이 한다."라고 부소대장에게 해산 권한을 위임할 수도 있다. 부소대장은 소대장 3보 앞에서 경례를 하고, 소대장이 자리를 떠나면 소대장 위치로 이동하여 소대를 지휘한다. 부소대장의 지휘가 끝나면 해산 시킬 수 있다.

3. 인원보고

> 집합이 종료된 후 소대원의 정확한 인원을 파악하기 위한 방법으로 각 분대장은 제1분대장부터 견제 순으로 소대장에게 보고하고, 소대본부는 부소대장이 보고한다. 인원 보고시 거수경례는 생략한다.

가. 구 령 : 구령은 "보고"이다. 필요시 "준비된 분대로부터 보고"라고 할 수 있다.

나. 요 령

1) (소대장) "보고" 구령시에는 1분대장부터 견제 순으로 보고한다. "준비된 분대로부터 보고" 구령시에는 먼저 준비된 분대장부터 보고한다.

2) (분대장) 소대장을 향해 방향을 전환한 후 "1분대, 보고"라고 한다.

3) (소대장) 분대장을 향해 방향을 전환한 후 "보고"라고 한다.

4) (분대장) "1분대 인원보고, 총원 10명, 열외 3명, 현재원 7명, 열외내용 의무진료 1명, 근무 2명, 집합 끝"이라고 인원을 보고한다. 보고가 종료되면 정면을 향한다.

4. 간격변환

> 소대 횡대대형에서의 간격 변환은 분대에서와 같으나 소대 종대 대형에서의 간격 변환은 분대와 아래 사항만 다르다.
> 1. (기준분대) 오른쪽 분대는 기준열로서 움직이지 않는다.
> 2. (분대원) 기타 분대원은 이미 설명한 바와 같이 행동한다. 제2분대는 1보, 제3분대는 2보, 소대본부는 3보 왼쪽 옆걸음으로 이동한다.

가. 간격 넓혀가기

1) 구 령 : "간격 넓혀 가"

2) 요 령

가) (소대장) 예령과 동령을 왼발에 내리며, "가"라는 동령에 우측 기준 열은 1보를 더 전진한 다음 반걸음으로 행진한다.

나) (소대원) 2(3)열도 동령에 1보를 더 전진한 다음 각각 반좌향 앞으로 2열은 1보, 3열은 2보를 전진하고 다시 반우향 앞으로 1보 전진한다.

다) (소대장) 소대가 전부 나란히 되면 "앞으로 가"의 구령에 바른 걸음으로 행진한다.

나. 간격 좁혀가기

1) 구 령 : "간격 좁혀 가"

2) 요 령

가) (소대장) 예령과 동령을 오른발에 내리며 "가"라는 동령에 우측 기준 열은 1보를 더 전진한 다음 반걸음으로 행진한다.

나) (소대원) 2열(3열)은 동령에 반우향 앞으로 1(2)보를 전진하고, "반좌향 앞으로 가"를 하여 반걸음으로 행진한다.

다) (소대장) 소대가 전부 나란히 되면 "앞으로 가"의 구령에 바른걸음으로 행진한다.

다. 정식간격에서 양팔간격

1) 정식간격에서 양팔간격으로의 변환도 간격 넓혀가기와 동일한 요령으로 실시하되 간격은 양팔간격으로 넓힌다.

5. 소대의 행진

가. 소대의 정상적인 행진 대형은 종대이며 분대장은 각 분대의 선두에서 행진한다. 종대로 행진시 각자 맨 오른쪽 기준 분대원과 오를 맞추어야 한다.

나. 소대가 횡대로 행진하는 경우는 통상 약간의 위치를 변경하고자할 때 사용한다.

다. 횡대로 행진시 각 분대원은 분대장과 오를 맞추어야 한다.

라. 행진 간 인솔자는 대형 좌측 전방으로부터 2/3지점 위치한다.

6. 소대정렬

가. 소대가 갖추고 있는 지금의 대형 안에서 개인의 간격과 거리를 지휘자가 원하는 형태로 변경하는 방법으로 구령 및 행동요령은 분대정렬과 동일하며, 기준이 속해 있는 오와 열에 맞추어 정렬해야 한다.

7. 헤쳐모여

가. 소대가 갖추고 있는 지금의 대형을 분대 견제단위와 상관없이 전혀 다른 형태의 대형으로 변경하는 방법으로 구령 및 행동요령은 분대제식 헤쳐모여와 동일하다.

8. 행진간 방향전환

가. 소대가 대형을 갖추고 행진간 행진방향을 좌 또는 우측으로 전환하기 위한 동작으로 구령 및 행동요령은 분대제식 행진간 방향전환과 동일하다.

제4절 중대 제식

중대제식을 실시할 때 기본적인 행동요령은 아래와 같다.
1. 중대제식은 기본적으로 건제를 유지한 가운데 모든 제식을 적용하고, 보병중대가 대형을 형성하는 요령을 제시한 것이다.
2. 보병병과가 아닌 경우 부대별 지휘관의 판단에 따라 부대제식의 '중대'를 준용하여 적용하고, 의식 및 행사시는 행사 주무관이 정한다.
3. 중대의 구성단위는 소대이므로 소대단위로 정렬하고, 중대본부 및 포반은 소대와 동일한 구성단위로 간주한다.
4. 중대본부와 포반이 별도의 소대를 편성할 때에는 부중대장이 소대장 위치에, 행정보급관이 부소대장 위치에 서고, 포반 등 중대본부의 상서열자가 분대장 역할을 수행한다.
5. 중대장은 필요시 중대본부 및 포반 요원들을 각 소대의 편성에 관계없이 소대 후미에 편입시킬 수 있으며, 세부적인 방법은 중대장이 결정한다.
6. 부중대장의 위치는 부대별 지휘관 및 행사 주무관이 정한다.

1. 집합

중대가 정해진 대형을 갖추는 행동을 말하며, 중대집합은 중대장이 지휘한다. 중대장이 부재시에는 부중대장이 지휘한다. 중대는 긴급한 경우를 제외하고 먼저 각 소대장 지휘하에 집합하여 인원을 파악한 후 소대장 인솔 하에 중대 집합장소로 이동하고, 중대본부는 행정보급관이 인원파악 후 인솔한다.

가. 구 령 : 구령은 "모여"이다. 부대를 명확하게 인식시키기 위해 "○중대 모여"라고 할 수 있다.

나. 요 령 : 중대가 "종렬횡대 대형"으로 집합시 실시하는 요령은 아래와 같다.

1) (중대장) 중대 사열대에서 위치하여 차려 자세를 취하고 구령을 내린다.
2) (소대장) 각 소대를 인솔하여 중대장으로부터 13보 앞까지 소대를 인솔하여 위치시킨다. 1소대가 기준 역할을 하기 때문에 1소대 소대장은 중대가 집합했을 때 중대장이 중대의 중앙에 위치하도록 인솔해야한다. 다른 소대장은 우측 소대와 3보 간격으로 소대를 인솔한다. 인솔이 끝나면 소대 앞으로 이동해서 2분대장 위치로부터 3보 앞에 위치한다.
3) (중대장) 소대장에 의한 인솔이 종료되면 정확한 대형을 갖추었는지 확인한다. 정확한 대형이 갖추어지지 않았을 경우 기준을 정해 정렬시키거나 중대원을 짧은 거리 이동시켜 대형을 갖춘다.
4) (인원보고) 대형이 갖춰지면 중대장은 정확한 인원을 파악하기 위해 소대장으로부터 인원 보고를 받는다.
5) (중대장) 구령은 "보고"이다. 필요시 "준비된 소대로부터 보고"라고 할 수 있다.
6) (소대장) "보고" 구령 시에는 1소대부터 건제순으로 보고하고, "준비된 소대로부터 보고" 구령 시에는 먼저 준비된 소대부터 보고한다. 중대본부는 행정보급관이 보고한다.
7) (소대장) 중대장을 향해 방향을 전환한 후 "1소대 보고"라고 한다.
8) (중대장) 소대장을 향해 방향을 전환한 후 "보고"라고 한다.
9) (소대장) "1소대 인원보고, 총원 30명, 열외 5명, 현재원 25명, 열외내용 경계근무 4명, 외진 1명, 집합 끝" 중대장에게 인원을 보고한다. 보고가 종료 되면 정면을 향한다. 보고 후에는 1분대장 3보 앞에 위치한다.
10) 중대 집합시 중대기는 중대장 옆에 세워놓는다. 휴대시에는 중대본부에서 휴대한다.

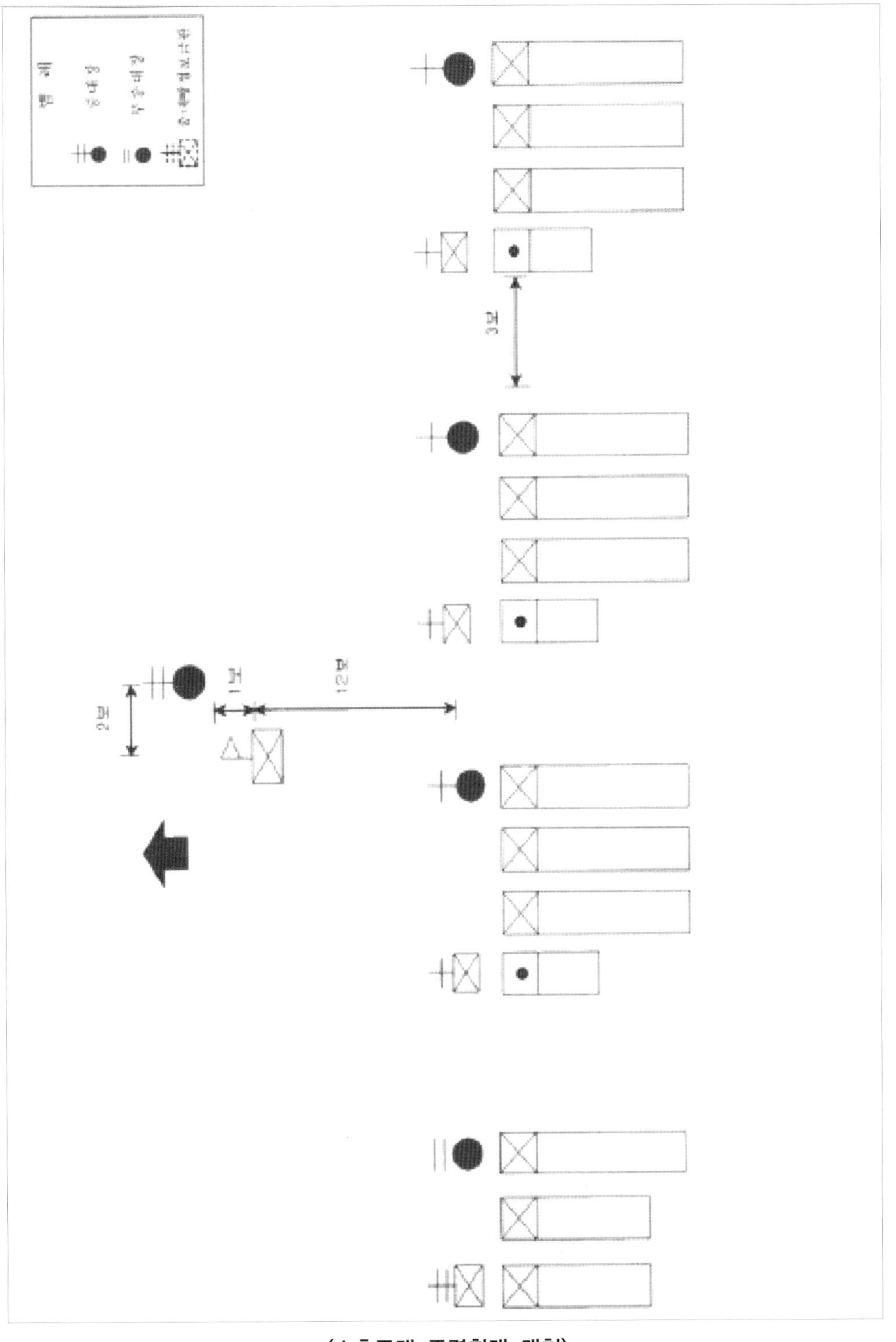

(소총중대 종렬횡대 대형)

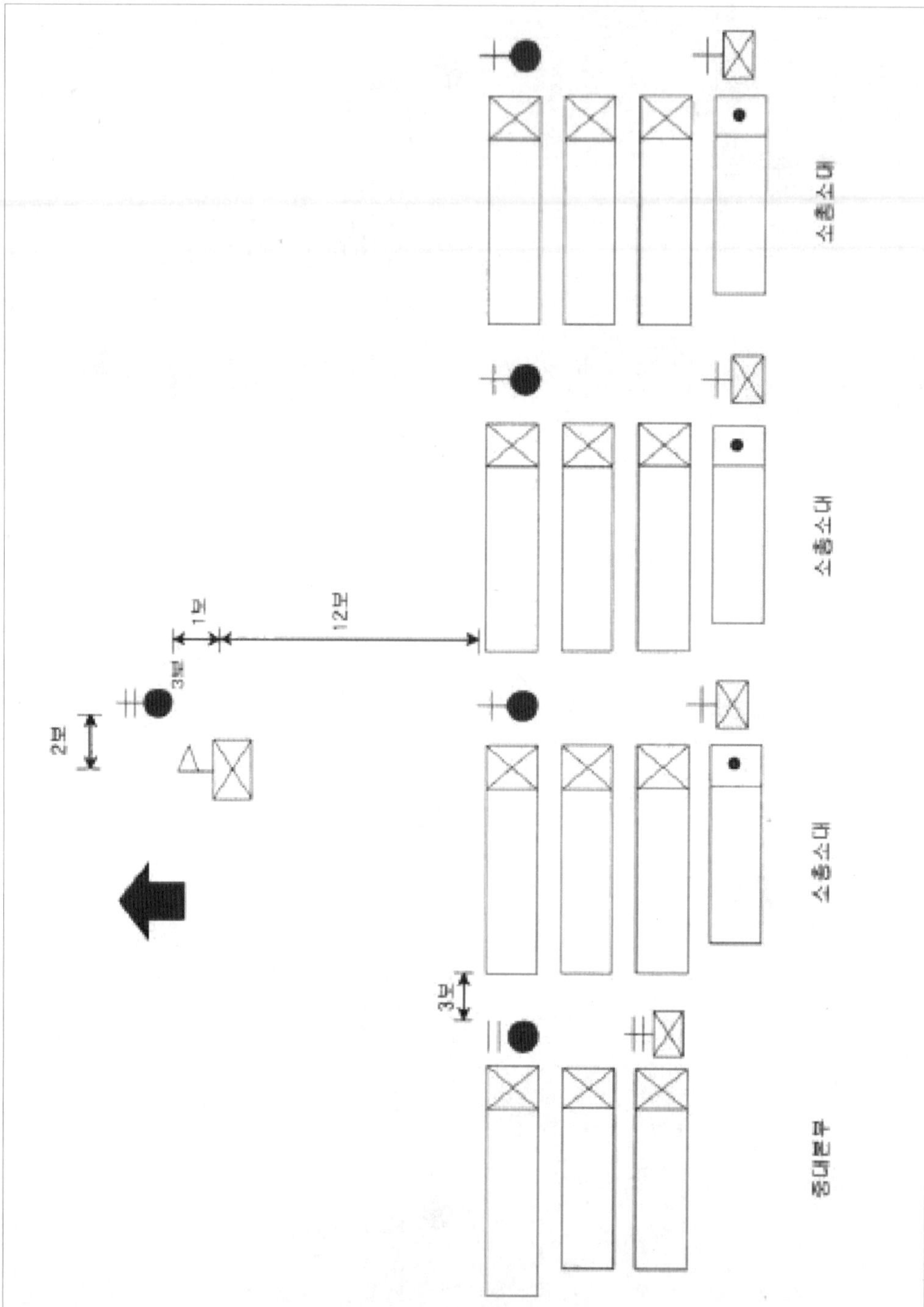

(소총중대 횡렬횡대 대형)

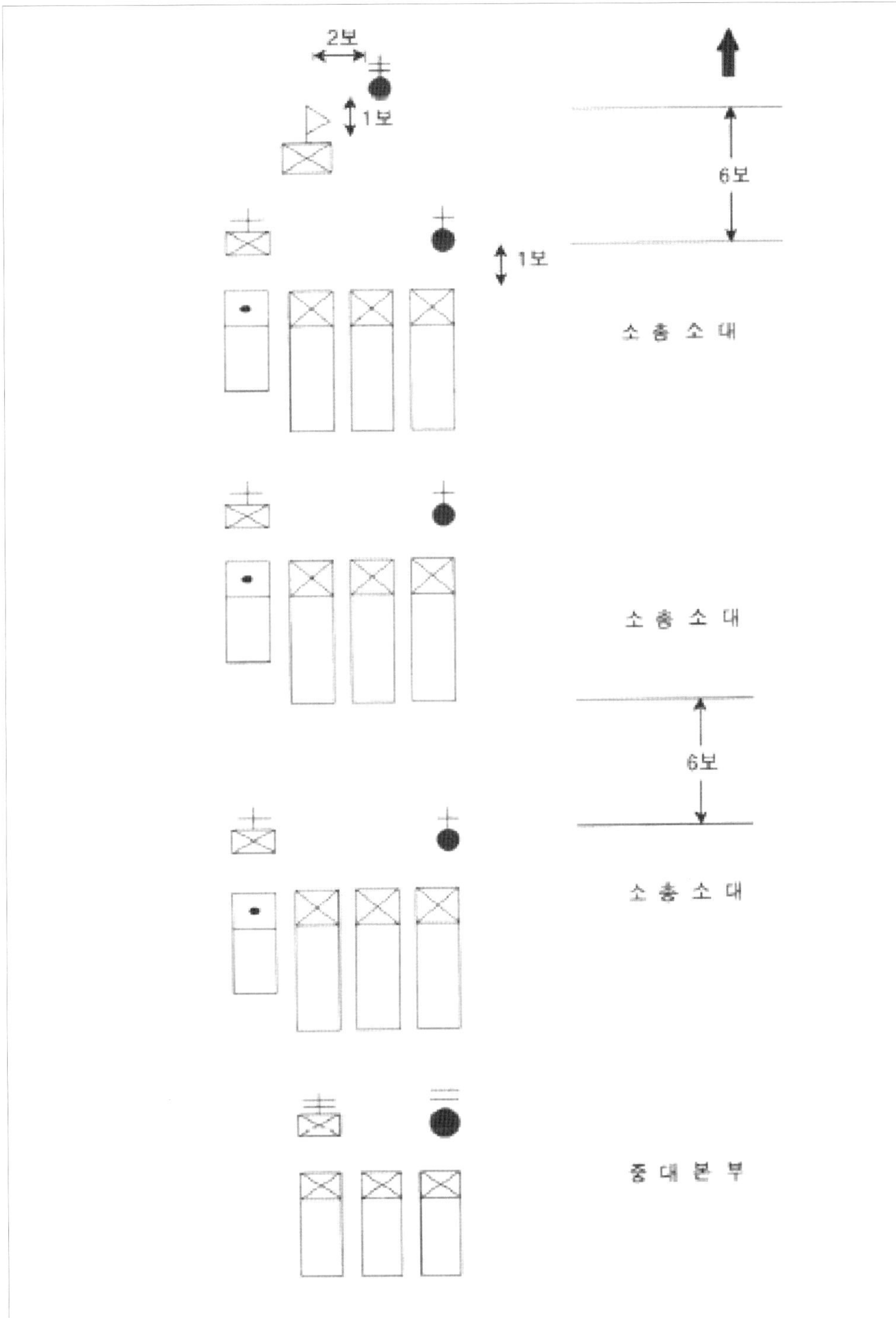

(소총중대 종렬종대 대형)

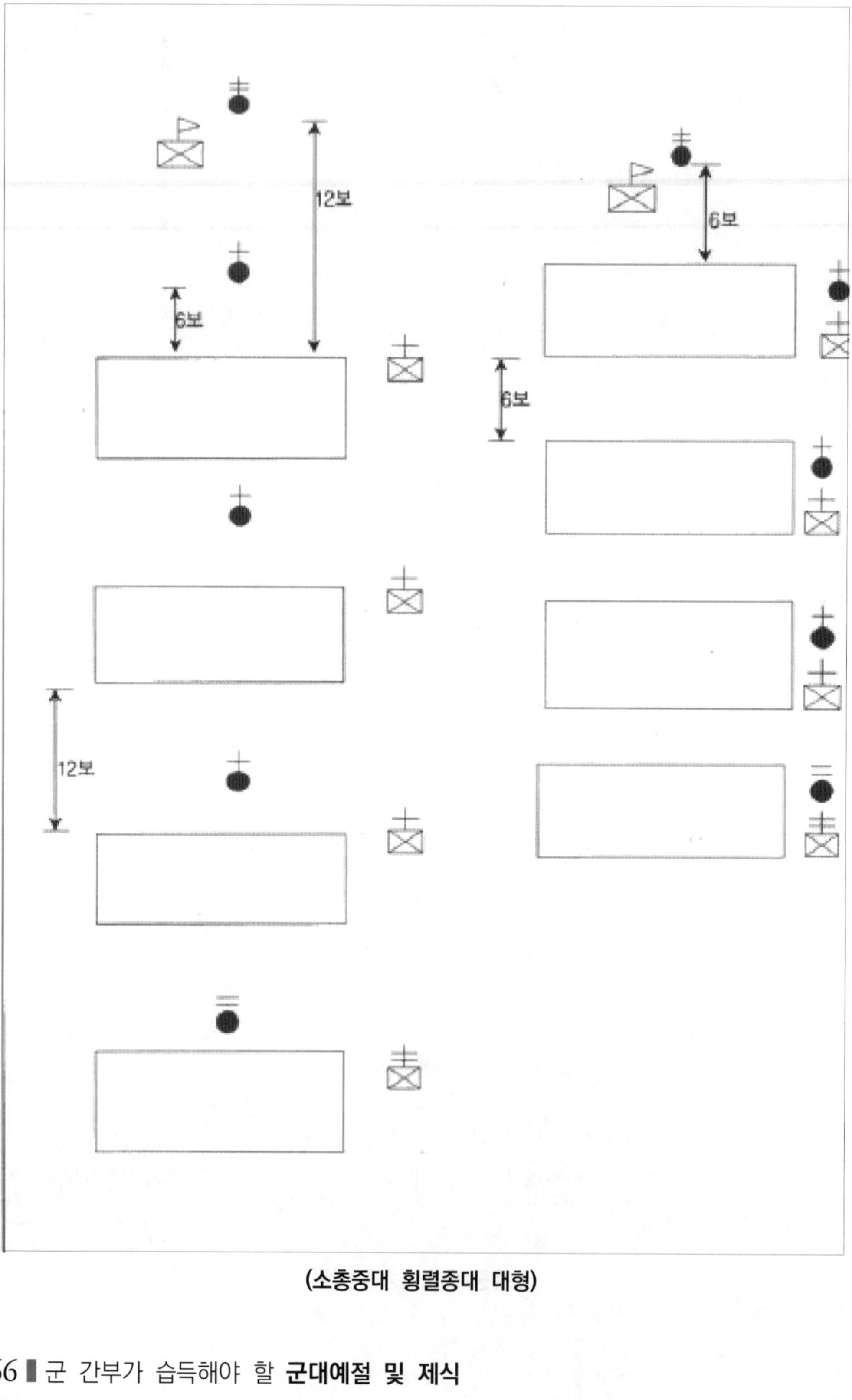

(소총중대 횡렬종대 대형)

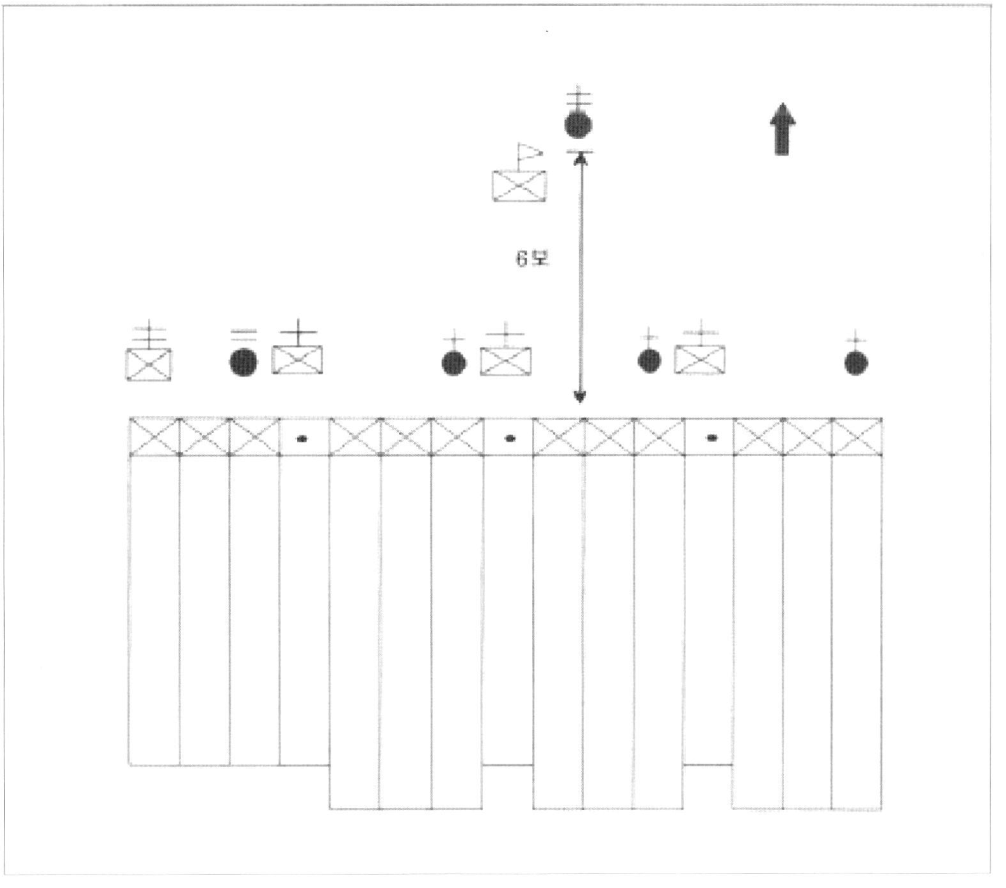

(소총중대 밀집대형)

2. 해 산

중대장이 중대의 단체행동을 종료하는 방법으로 중대급 이상 부대는 통상 헤쳐를 하지 않고 해산을 통해 예하 지휘자에게 권한을 위임한다.

가. 구 령 : “각 소대별로 해산”

나. 요 령

1) 중대장과 기수는 대형에서 자동으로 이탈한다.

2) 부중대장 및 소대장은 중대장 구령을 복창한 후 중대본부 및 자기소대를 지휘한다.

3) 소대의 해산은 소대제식 내용과 동일하다.

3. 정 렬

가. 중대가 갖추고 있는 지금의 대형 안에서 개인 및 소대의 간격과 거리를 지휘자가 원하는 형태로 변경하는 방법으로 행동요령은 분대정렬과 동일하며, 기준이 속해 있는 오와 열에 맞추어 정렬해야 한다. 단, 지휘자는 구령을 내릴 때 소대의 간격을 반드시 포함하여 "개인간격 정신간격, 소대간격 3보, 우/좌/좌 · 우로 나란히"라고 해야 한다.

나. 중대제식에 명시되지 않은 동작은 분 · 소대 제식 동작을 동일한 요령으로 적용한다.

제5절 대대 제식

대대제식을 실시할 때 기본적인 행동요령은 아래와 같다.

1. 대대제식은 기본적으로 건제를 유지한 가운데 모든 제식을 적용하고 보병대대가 대형을 형성하는 요령을 제시한 것이다.
2. 보병병과가 아닌 경우 부대별 지휘관의 판단에 따라 부대제식의 '대대'를 준용하여 적용한다.
3. 대대는 통상 중대단위로 정렬한다.
4. 의식 및 행사시 대대 참모 및 기수단은 행사 주무관이 정한다.
5. 대대의 기본적인 대형은 횡대대형과 종대대형이 있다.
6. 횡대대형시 각 중대는 기본적으로 종렬횡대 대형을 취하나 지휘관이 판단하여 조정할 수 있다.
7. 종대대형시 각 중대는 기본적으로 종렬횡대 대형을 취하나 지휘관이 판단하여 조정할 수 있다.

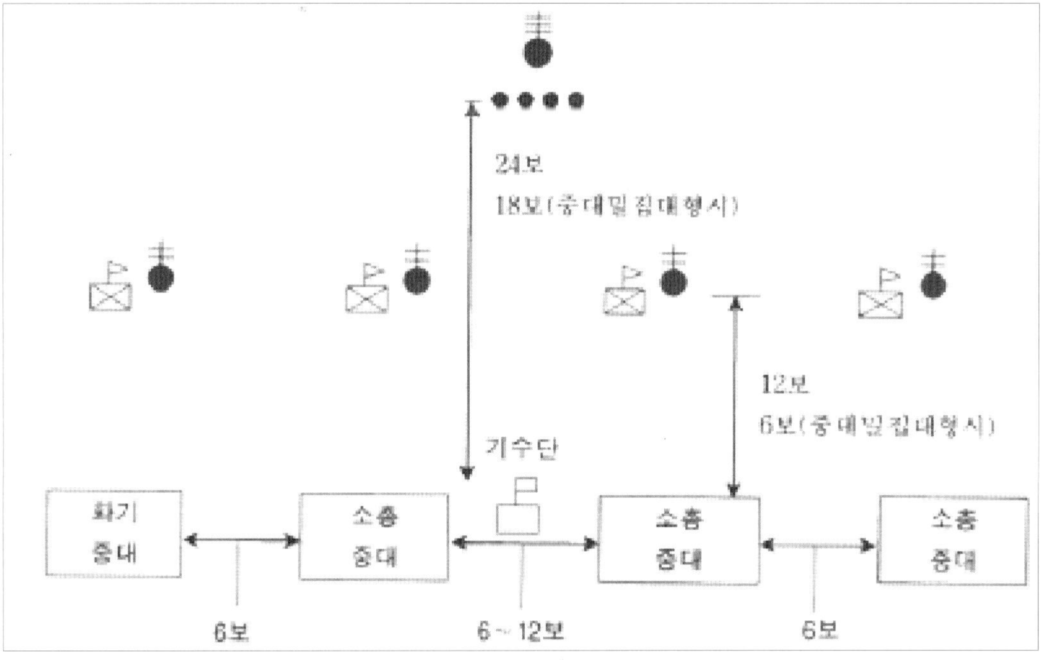

(대대 횡대대형)

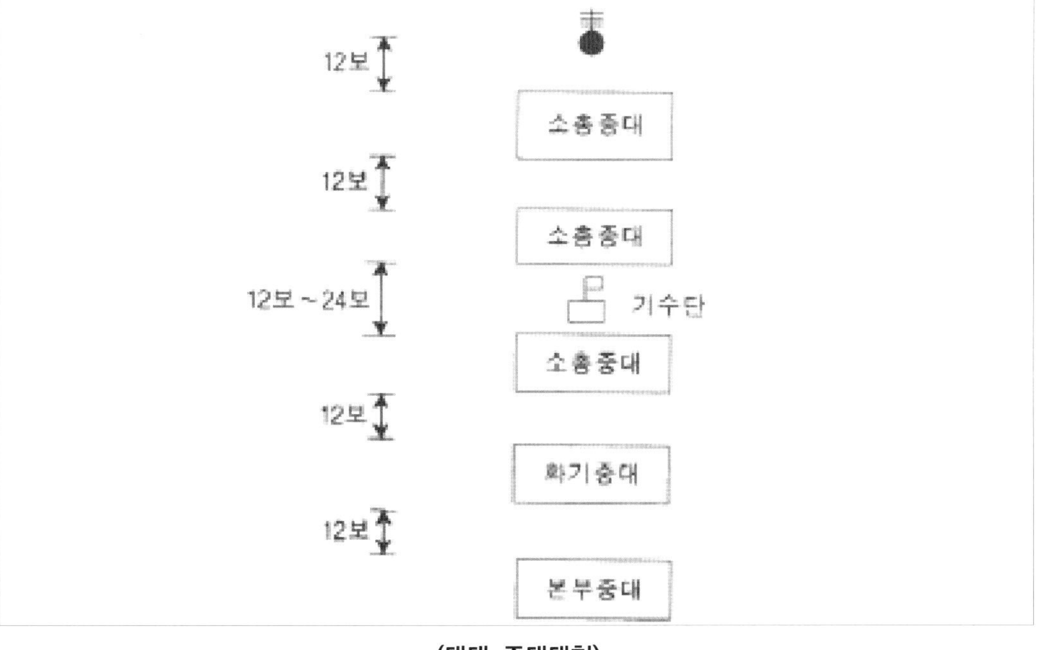

(대대 종대대형)

1. 집합

가. 대대가 정해진 대형을 갖추는 행동을 말하며, 대대집합은 대대장이 지휘한다. 대대장이 부재시에는 부대대장이 지휘한다. 대대는 통상 중대단위로 집합하여 인원을 파악한 후 대대 집합장소로 이동한다. 대대 참모 및 주임 원사는 대대장이 정위치 하기 전에 지정된 장소에 위치해야 한다.

나. 구령 : 구령은 "모여"이다. 부대를 명확하게 인식시키기 위해 "○대대 모여"라고 할 수 있다.

다. 요 령 : 대대가 횡대대형으로 집합시 실시하는 요령은 아래와 같다.

1) (대대장) 대대장 지휘장소에 위치하여 차려 자세를 취하고 구령을 내린다.
2) (중대) 중대는 종렬종대대형으로 집합장소로 이동하여 지정된 위치에 정렬한다. 이때 1중대가 기준 역할을 한다.
3) (기수단) 행사시 각 중대의 이동과 동시에 지정된 장소로 이동한다.
4) (인원보고) 대형이 갖춰지면 대대장은 정확한 인원을 파악하기 위해 각 중대장으로부터 인원보고를 받는다. 요령은 중대제식과 동일하다.
5) 대대장이 집합을 지휘하면 각 중대장이 중대를 직접 인솔하고, 인솔이 끝나면 정위치한다. 대대장의 "보고" 구령에 각 중대장이 대대장에게 직접 인원보고를 한다.

2. 해산

가. 대대장이 대대의 단체행동을 종료하는 방법으로 통상 헤쳐를 하지 않고 해산을 통해 예하 지휘자에게 권한을 위임한다.

나. 구 령 : "대대 해산"

다. 요 령

1) 부대대장, 참모장교, 주임원사는 대형에서 자동으로 이탈한다.
2) 중대장은 대대장 구령을 복창한 후 자기 중대를 지휘한다.
3) 중대의 해산은 중대제식 내용과 동일하다.

제6절 연대 제식

1. 연대의 기본적인 대형은 횡대대형과 종대대형이 있다.

   가. 횡대대형시 각 대대는 기본적으로 횡대대형을 취하나 지휘관이 판단하여 조정할 수 있다.

   나. 종대대형시 각 대대는 기본적으로 종대대형을 취하나 지휘관이 판단하여 조정할 수 있다.

2. 연대장은 사전에 집합 장소와 시간, 부대의 배치 형태와 예하부대의 위치 및 순서를 지시해야 한다. 군악대 · 본부 · 연대의 독립중대 · 배속부대와 차량 부대의 위치와 정렬순서, 부대간의 간격, 지휘관 · 참모와 부대기 및 기수단의 기본적인 위치는 그림과 같다

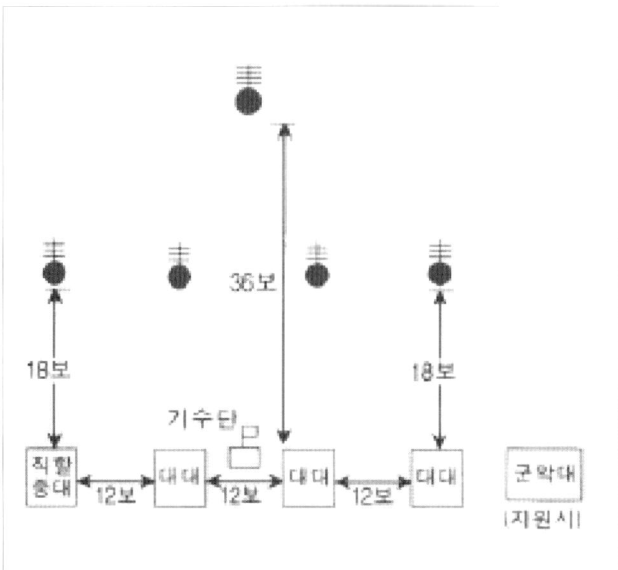

(횡대 대형)

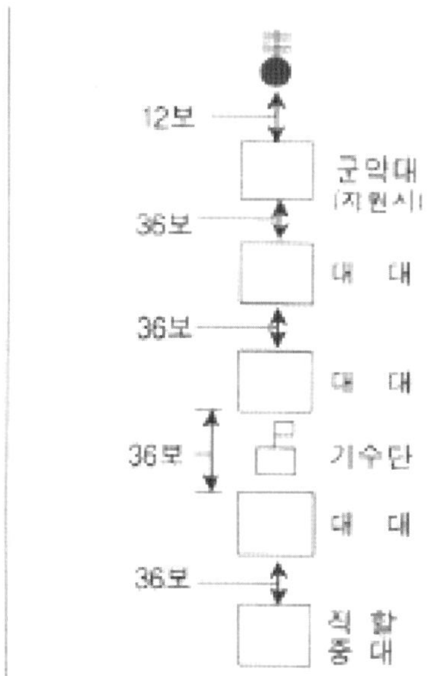

(종대 대형)

부 록

제1절 윤리의 기본 개념과 성격

제2절 군 대 윤 리

제1장 윤리와 군대윤리

제1절 윤리의 기본개념과 성격

군대윤리를 올바른 시각에서 이해하기 위해선 먼저 군대윤리의 개념적 의미를 알아야 한다. 아울러 군대윤리에 대한 개념을 잘 이해하기 위해서는 먼저 윤리의 기본적 의미와 사회생활과 윤리와의 관계를 고찰해야 할 것이다. 그러나 여기서 철학적 차원의 의미를 고찰하기보다는 기존의 정의를 통해서 그 개념과 의미를 파악하고자 한다.

1. 윤리의 정의

인간의 행동 가운데는 마음대로 해도 좋고, 그렇지 않은 것도 있다.

나 혼자가 아닌 여러 사람과 공동운명체적인 삶을 살아가고 있기 때문이다. 예컨대 우리가 여행을 하고자 할 때 목적지까지 어느 교통수단을 이용해도 무방하다. 그러나 요금을 지급하지 않고는 교통수단을 이용할 수가 없으며, 기차나 버스를 마음대로 타고 내릴 자유는 없을 것이다. 우리나라 안에서라면 누구를 막론하고 주거이전의 자유를 가지고 있다. 그러나 남의 땅이나 공원 안에서 집을 마음대로 짓고 살 자유는 없다.

이와 같이 사회적 존재로서의 인간은 여러 가지 규범의 제약을 받아가며 살아가기 마련인 것이다. 이처럼 인간의 행위에 제약을 가하는 사회적 규범에도 여러 가지가 있어서 우리는 이를 법과 관습, 도덕 또는 윤리 등으로 나누어 볼 수 있다. 이 가운데 가장 기본적이며 사회유지의 기초가 되는 것은 도덕 또는 윤리규범이다.

도덕과 윤리는 어원으로 따질 때 엄밀하게 같은 뜻의 말은 아니다. 그러나 일반적으로 동일한 뜻으로 사용하고 있다.

그렇다면 윤리란 과연 무엇이며 어떤 뜻을 가지고 있는가? 윤리란 사전적 의미로는 "사람들이 지켜야 할 도리와 규범"이라고 할 수 있다. 윤리의 "윤(倫)"은 원래 동류라는 뜻이다. 윤(倫)은 인륜으로서 인간의 공동체를 의미하며 사람과 사람과의 도덕적 관계 또는 도덕적 질서를 가리킨다. 윤리의 "리(理)"는 다스릴 리 또는 이치 리로서 도리의 리 또는 이론의 리를 말한다.

따라서 윤리란 사람과 사람 사이에 있어서 올바른 질서로서의 인간의 도리에 관한 것을 밝혀주는 것이라 할 수 있다. 다시 말하면 윤리란 사람과 사람과의 올바른 도덕적 질서이며 인간 상호간에 지켜야할 자율적인 여러 규범인 것이며 공동사회의 도덕적 가치체계이다. 이를 요약해 보면 윤리란 인간의 행동기준, 행동규범, 행동법칙으로 사람이 반드시 지켜야 할 도리라고 말할 수 있다.

2. 사회생활과 윤리

윤리적 규범의 내용은 서로 다른 점이 있을지 모르나 윤리가 없는 사회는 이 세상에 아무데도 없다.

다시 말해서 윤리도덕이라는 현상은 인간사회에 있어서 보편적인 현상이다. 우리들의 삶을 위하여 윤리는 절대로 필요한 규범인 까닭에 윤리도덕을 갖지 않는 인간사회는 있을 수 없다. 건전한 윤리가 있어야 사회가 유지되는 것이다. 인간이란 혼자 살 수 없으며, 어울려 살아야 하는 사회적 동물인 까닭이다. 즉 우리의 의 · 식 · 주와 교통, 통신 등 우리가 하루라도 의존하지 않고 해결할 수 있는 것은 별로 없다는 뜻이다. 특히 현대사회에 있어서는 정치, 경제, 사회, 문화가 일체가 되어 상호의존의 톱니바퀴를 이루며 발전해 나가고 있다.

심리학자 영(K. Young)은 인간은 철두철미한 사회적인 존재라는 것을 다음과 같이 말했다. "인간은 먼저 개인이고 다음으로 사회의 하나의 구성분자가 되는 것은 아니다. 인간의 실존과 그의 성품들이 이미 이웃들과의 공동생활과 문화에의 참여를 통해 이루어진 산물이다." 개인이 먼저 있고 그의 필요에 따라 사회의 일원이 되든지 안 되든지 마음대로 되는 것은 아니고, 개인의 존재와 그의 성품이 이미 사회 안에서의 공동생활의 산물이며 우리가 흔히 말하는 인간성이라는 것도 사회 안에서의 공동생활의 산물이라는 것이다. 현대사회는 과학적인 지식이 폭발적으로 늘어나고 또한 과학과 기술이 급속하게 변화하는 정보화시대이다. 이에 따라서 인간의 생활방식, 사고방식, 의식구조 등이 급속하게 변화하고 우리가 살고 있는 사회구조도 급속히 변화하고 있다. 기술 및 산업의 발달과 더불어 우리의 생활이 편리해지고 안락해지고 모든 생활환경이 합리화되고 있다. 특히 교통과 통신의 발달은 여러 민족들과 여러 국가들의 거리를 매우 단축시켰다.

따라서 현대 산업사회에는 인간의 삶과 이것을 위한 여러 가지 조건들이 합리화되고 기계화되면서 문화적인 개성은 사라지고 획일화되어 가는 특징을 가지고 있다.

또한 스스로 판단하고 스스로 행동을 설정하고, 행동의 목표와 의미를 반성하는 이성은 희미해져 가고 있으며, 윤리의식과 도덕의식이 마비되어 가고 있는 것이 현대사회의 한 단면이라고 할 수 있다. 그러나 이러한 비인간화의 윤리 부재현상 속에서도 우리는 윤리를 인간의 역사 가운데 형성되는 삶의 새로운 지혜로 보아야 한다.

결국 윤리란 사회생활에 있어서 하나의 이정표가 되는 것이며, 바람직한 인간상을 탄생시키는 기본바탕으로서 각계각층의 국민이 적극적으로 참여함으로써 건전한 기풍을 조성할 수 있으므로, 각자가 자기를 반성하고 올바른 윤리의식에 부합되는 생활태도를 기르는데 노력하여야 할 것이다(김용현, 2006, 군대윤리, pp. 2~4).

제2절 군대윤리

1. 군대윤리 개념 등장

"군사전문 직업윤리" 또는 "군대윤리"라는 말은 미국의 군 사회학자인 '헌팅턴(Samuel Huntington)'이 50년대에 "군인정신은 민군관계 차원에서 직업군인의 윤리"라고 정의한 데서 출발한다. 그에 따르면 군대는 하나의 전문 직업윤리를 가져야 하는데 그것은 전문직업의 특성으로부터 연유한다고 말한다. '헌팅턴'의 윤리개념은 제2차 세계대전 후부터 한국전쟁에 이르기까지 미국정부가 군사정책을 수행하는 과정에서 겪은 군부와의 갈등 관계를 배경으로 하고 있다.[1)]

헌팅턴에 의해 출발된 "직업군인윤리"라는 용어는 미국군대 내뿐만 아니라 미국 사회에 "군대윤리"라는 일반적 용어로 바뀌었으며 본격적으로 등장하게 된 것은 미국이 월남전을 수행하고 난 후부터였다.

2. 군대윤리의 중요성

군대윤리는 월남전 직후 미군의 패전에 대한 반성과 교훈의 부산물이다. 월남전에서 얻은 미군의 교훈은 도덕적으로 부패한 군대는 망한다는 진리였다. 비윤리적인 군대는 군기

1) 독고순 외 2명, 직업군인 윤리연구보고서, 한국국방연구원, 2002.

가 문란해지고 사기가 저하되는 것은 물론 이런 군대는 전쟁에서 결코 이길 수 없다는 사실을 알게 되었다. 월남전쟁에 참가한 미군은 국가가 제공할 수 있는 세계 최강의 장비, 고도로 동기화된 병사, 그리고 일부는 양질의 교육을 받은 장교들로 구성되었으나, 전투 중에 미군의 기능은 직업주의와 윤리적인 측면에 있어서 많은 결함을 보였다. 예를 들면, 전쟁 중에 28%의 미군 병사가 마약을 상습적으로 복용했고, 탈영과 전투거부가 전투부대 내에서 일반화되었으며, 공격명령에 불복한 항명사건은 그 수를 헤아릴 수 없을 정도였다. 리더십이 붕괴된 사례들을 정확하게 밝힐 수 있는 사람은 아무도 없지만, 대략 1천 16명의 장교와 하사관이 그들의 부하에 의해 사살되었다고 한다. 전과확인을 위해 지휘관들이 병사들로 하여금 적 시체의 숫자를 직접 확인하도록 하는 과정에서 목숨을 잃도록 하는 모험을 감행하기도 했으며, 허위보고로 상관을 기쁘게 하는 경우도 있었다.

군 직업주의와 리더십에 있어서 윤리적 타락은 월남전에서의 패배를 자초했고, 다음과 같은 세 가지 위기를 자초했다. 첫째 자신감의 위기(crisis of confidence)이다. 장교와 지휘관들은 무능하고, 비겁하며, 부대관리를 잘못했다. 둘째가 적응성의 위기(crisis of adaptation)이다. 지원병제도의 도입으로 1960년대에 미국 사회에 만연했던 상업주의와 개인주의가 군에 유입되고, 군대조직은 이에 적응하지 못하는 위기를 맞이한다. 셋째가 양심의 위기(crisis of conscience)로서 미라이(My Lai) 양민학살 사건의 은폐와 축소, PX 물품 부정유출 등 각종 전쟁범죄와 부정사건의 자행이다. 월남전 이후 새로 편찬된 미 육군의 『作戰要務令』에는 전쟁의 양상이 아무리 변해도 한 가지 변하지 않는 원리가 있다면 그것은, "전쟁은 기계에 의해서가 아니라 인간에 의해서 수행된다."는 사실이다. 따라서 전쟁에서의 인적 요소는 장차전에 있어서도 승패의 결정적인 요소가 될 것으로 판단했다.

전쟁에서의 인적 요소는 육체적, 심리적, 그리고 윤리적 측면으로 구분될 수 있다. 육체적으로 부적절하고, 건강하지 못한 군인들은 전투의 시련을 견딜 수 없기 때문에 장병들은 건강한 신체와 강인한 체력을 지녀야 한다. 그래서 장병들은 어떤 육체적 역경에도 견딜 수 있도록 훈련되어야 한다.

공포감이나 고립감과 같이 전장에서 발생하는 심리적 스트레스는 장병들의 전투 의지에 결정적인 영향을 미치기 때문에 군인에게는 정신적 건강이 요구된다. 사기, 단결, 지휘통솔, 그리고 훈련이 강할 때 전장에서 발생하는 심리적 스트레스가 감소되며, 지휘자는 바로 그 핵심인 것이다. "잘 지휘되고, 군기가 서 있으며, 정신적으로 양호한 장병은 극도의 역경과 불확실성을 극복할 수 있다."고 하였다.

인적 요소 가운데 윤리적 측면에 관해서 미 육군의 『作戰要務令』은 다음과 같이 말하고 있다.

국가는 미 육군이 직업군대로서 최상의 행동규범을 지키며 미국인의 가치체계의 이상을 반영하길 기대한다. 미 국민은 미 육군이 수행하기로 맹세한 가장 핵심적인 내용, 즉 법에 대한 강한 존중, 인간의 존엄성, 그리고 개인의 제반 권리 등을 존중하는 우수한 자질의 군대를 요구한다.

미 육군 부대들은 작전을 수행하는 어려운 환경에도 불구하고 장병들은 지상전에 관한 육전법(陸戰法, the law of land warfare)을 준수하며, 민간인과 비전투원을 보호하고, 부수적인 피해를 줄이면서, 사유재산을 존중하고, 전쟁포로들을 인도적으로 다루도록 요망된다.

전투의 참혹함 속에서도 모든 장병(가장 높은 계급에서 가장 낮은 계급에 이르기까지)의 진실성(integrity)은 가장 중요하다. 인간의 생명은 정확한 보고에 의해서 좌우되므로 중요사항이 누락된 보고 및 허위 보고가 행해져서는 안 된다. 지켜보는 사람이 없어도 장병들은 옳은 일을 할 것이라고 신뢰되어져야만 한다.

지휘자들은 부하들에 대한 특별한 책임감을 가지고 있어야 하며, 결코 불필요하게 그들 장병의 생명을 위태롭게 해서는 안 된다. 지휘자는 임무완수를 위하여 적극적으로 임무를 수행하는 동안에도 장병들의 안전에 대한 상당한 관심을 표명함으로써 장병들로부터 신뢰를 받도록 해야 한다. 지휘자들은 그들의 부하 또는 예하 지휘관들을 희생시키면서까지 개인적 이익을 추구해서는 안 된다.

지휘자는 장병들에게 명예심을 고취시키고, 그들의 고통을 분담하며, 공적(功績)에 감사할 줄 알아야 한다. 지휘자는 모든 다른 개인적 문제보다도 임무에 우선을 둔 사심 없고 윤리적인 행동으로 모범으로 보여야 한다.[2)]

3. 군대윤리의 개념과 성격

군대윤리란 "군 임무 수행과 관련하여 군 또는 군인이 지켜야할 가치, 태도, 행동의 규범체계"이며 군대윤리교육이란 "군 임무 수행과 관련하여 군 또는 군인이 지녀야 할 가치, 태도, 행동의 규범체계에 대한 이해 증진과 이의 실천 능력을 함양시키기 위한 교육"이라고 정의할 수 있다.[3)]

그래서 행위 규범으로서의 군대윤리는 군이나 군 간부의 성격이나 품성을 좋다거나 나쁘다고 평가하고 그가 한 행위를 옳다거나 그르다고 판단할 기준을 설정해 주는 기능을

2) 미 육군의 『작전요무령』 FM 100-5 Operations(1993) 제14장.
3) 군대윤리, 국방부, 2002, p.53.

하며 특수한 상황에서 그가 해야 할 일과 해서는 안 될 일이 무엇인지 규정해 준다.

이 정의가 내포하고 있는 개념은 크게 두 가지 측면에서 이해할 수 있다. 하나는 군대윤리란 군사 전문직업 수행과 관련하여 군인들의 옳고 그른 행동이 무엇인가 하는 규범적 측면을 다룬다는 것이고, 또 하나는 군인들의 행위의 선택에 관련하여 도덕적(이성적) 분별 작용을 다룬다고 하는 것이다. 여기서 이성적 분별 직업이란 인간의 삶속에서 규정에 따라 행동하는 것보다 양심의 지배를 받아 행동해야 하는 경우가 더 많은 것처럼, 군대 사회 속에서도 법규나 규범에만 의존할 수 없는 상황이 너무나 많다. 따라서 여기에 군인들의 도덕적 분별 능력이 요구되는 중요한 이유가 있다고 하겠다.

예를 들어보면, 적군 몇 명이 어느 마을에 은거하고 있다고 해서 선량한 사람들이 살고 있는 마을 전부를 폭격해 버리라고 지휘관이 명령할 수 있는가?

이러한 경우 상관의 명령에 따른다고 할 때, 전략 전술적인 가치가 없이 수많은 주민이 다 죽는다는 너무나도 뻔한 사실을 알면서도 명령에 복종해야 한다는 군대 규범만을 준수할 것인가? 이러한 예들은 얼마든지 많다 또 전시가 아닌 평시에도 일어날 수 있는 상황이다.

군대윤리는 규범만으로는 해결할 수 없는 상황 속에서 군인의 행동을 가장 최선의 방향으로 이끌 수 있도록 하는 것이 또 하나의 중요한 측면인 것이다. 이 점에서 바로 군대윤리는 그 교육적 분야에 있어서도 다음과 같은 크게 세 가지 분야에 관심을 둔다.

첫째는 군대의 윤리적 규범이 무엇인가?
둘째는 윤리적 갈등 상황을 어떻게 해결할 것이냐?
셋째는 윤리 의식을 어떻게 향상시킬 것이냐?

이와 같이 군대윤리는 단순히 군인 또는 군대의 규범에 관심을 갖는 것이 아니고 이러한 규범을 어떻게 가장 바람직한 방향으로 적용할 것인가에 관심을 갖게 함으로써 궁극적으로 국가와 사회가 지향하는 방향으로 군인 윤리의식을 고양시키는 것이다.

또한, 규범을 함양하기 위한 교육과목으로서 군대윤리는 군사적 직무를 직업으로 하는 군 간부들의 직업윤리와 이들이 수행할 전쟁에 내포된 도덕적인 문제를 다룬다.

군 직업윤리가 군대라는 조직의 특징과 군 간부의 고유한 기능과 책임으로부터 유래하는 규범들로 이루어진 것이라면, 전쟁의 도덕적인 문제와 관련된 전쟁도덕은 전쟁과 살인 행위를 구분하여 주며 정당한 전쟁과 부당한 전쟁을 가르는 기준을 제시해 줄 것이다.[4]

4) 군대윤리, 정전교, 1996, p.33.

또한 군 간부의 높은 윤리적 수준은 군의 직무수행의 질과 전쟁의 승패를 좌우하는 중대한 요소가 된다.

4. 타 직업윤리와 구별되는 군대윤리의 특징

군대윤리는 윤리학의 일반적 원리를 전쟁과 전쟁 수행 중의 군인의 행동에 응용하는 일종의 응용윤리이다. 응용윤리는 의료종사자, 법률가, 기업가, 교육자 등의 다양한 직업에서 성립하는 직업윤리를 포함한다. 그러나 군대윤리가 다른 직업윤리와 크게 차이나는 것 중의 하나는 군 전문직업 자체의 도덕성 문제이다. 왜냐하면 군대윤리는 다른 분야에서 크게 비난받아 마땅한 고의적인 인마살상, 공공건물의 파괴 등과 같은 군인의 행동을 조장하거나 규제하는 것과 밀접하게 관련되기 때문이다.

군사적 기능과 군인의 행동에 관하여 군대윤리의 가능성을 의심하는 두 가지 입장이 있다. 이러한 문제에 관해 먼저 평화주의자들은 군사력의 사용이 도덕적으로 정당화될 수 있는 문제인지는 말할 것도 없고, 도대체 군사력의 사용을 상상이나 할 수 있는 일인가 하고 반문한다. 결국 평화주의자들은 군대윤리 성립의 가능성에 대해 회의적 입장을 취한다. 한편 군대윤리의 가능성을 의심하는 또 다른 진영의 하나는 군사적 현실주의이다. 현실주의자들은 전쟁의 불가피성은 인정하나 전쟁을 성공적으로 이끌기 위한 군인들의 잔인하고 난폭한 행동을 도덕적으로 평가할 수 없다고 본다. 이들은 "전쟁에서 법은 침묵한다."는 명제를 믿으면서 지옥과 같은 전쟁 상황에서의 최선의 길은 수단과 방법을 불문하고 그 상황에서 벗어나는 것이라고 본다.

군대윤리가 다른 직업윤리와 차이가 나는 두 번째 특징은 군대윤리가 제도에 관한 윤리라는 점이다. 다른 직종의 윤리는 제도보다는 직업 종사자들 간의 관계를 중시한다. 예를 들어 의료윤리는 의사, 환자, 간호사, 기타 의료행정 관계자들 간의 관계에 초점을 맞춘다. 안락사 같은 삶과 죽음에 관한 중요한 결정이 병원당국, 전문조직, 행정당국과 같은 제도의 차원에서 결정되는 것이 아니라 전문의사와 환자의 가족 사이의 개인적 관계차원에서 결정된다. 그러나 군대윤리에서 중요한 것은 군내라는 조직과 제도 안에시 개인의 행위가 결정된다는 점이다. 의사나 간호사는 의료기관이라는 제도 없이도 개인적 능력의 한도 내에서 의료 행위를 할 수 있지만, 군인이나 군사 정책 담당자의 행위는 군대나 정부라는 조직과 제도 없이는 불가능하다. 의료 분야보다도 군사 분야에 있어서 개인의 역할은 기계의 작은 부품 역할을 한다.

그러므로 군대윤리는 개인의 윤리가 아니라 제도와 조직의 윤리이다. 제도와 조직이 개인의 행동을 결정하는 군대윤리는 많은 사람들의 운명을 결정하며 그것도 비인간적으로 취급한다는 점이 다른 응용윤리와 구별된다. 군대윤리가 제도의 윤리이기 때문에 군대를 통제할 만한 다른 사회적 제도나 권위가 없다는 점도 주목할 만하다. 정부가 군대조직과 제도를 통제할 수 있는 유일한 상급기관이지만 국제관계의 차원에서 국가 간 분쟁을 조정하고 통제할 만한 규제방식은 전혀 다르다. 이런 경우 군대윤리의 한계가 노출된다.

다른 직업윤리는 일상적 의미의 도덕과 윤리의 관점에서 개인의 도덕적 고민을 해결할 수 있는데 반하여 군대윤리는 극단적이고 비정상적인 상황에서 이루어지는 군인의 행동을 문제 삼기 때문에 미묘하다고 볼 수 있다. 예를 들면 외과 전문의사도 경우에 따라 안락사 문제로 생사여부를 결정할 경우가 있겠지만 멀쩡한 사람을 고의적으로 죽이는 일은 드물다. 그러나 군인은 이러한 상황에 직면하는 경우가 있을 수 있다. 다른 전문 직업종사자들은 자율적 존재로서 판단하고 행위하기가 용이하지만 군인은 전투 중의 극한 상황에서 받는 압박감 때문에 정상적인 판단을 하기 어렵다. 따라서 군인이 이러한 상황에서 훌륭한 도덕적 판단을 내리고 이에 부합하는 행동을 하리라고 기대하는 것이 어렵다는 것도 군대윤리가 다른 직업윤리와 구별되는 하나의 특징이다.

마지막으로 군대윤리가 다른 응용윤리와 다른 점이 있다면 그것은 도덕적 행위자의 다양성이다. 군대윤리의 규범체계가 작용되는 대상은 병사로부터 고급지휘관, 군사정책 결정자, 국군통수권자인 대통령에 이르기까지 그 폭이 넓고 다양하다. 이들은 모두가 군사력 사용과 관련되나 그 행동범위와 책임의 한계는 서로 다르다. 따라서 이와 관련된 도덕적 문제도 복잡하고 다양한 것이다. 예를 들면 병사에게는 건물을 향해 사격을 가하기전에 민간인의 출현 여부를 확인하는 문제, 참모장교에게는 경제봉쇄와 같은 전략의 도덕성 문제, 그리고 군사정책 결정자에게는 화생방 무기의 비축과 같은 문제들이 군대윤리의 테두리 안에서 해결되어야 할 문제들이다.

어떤 문제는 단순하게 도덕률을 무반성적으로 사용해서 해결되기도 하고 도덕적 문제에 관한 비판적이고 반성적인 평가를 내리는 연습과 훈련을 통해서 군인들의 문제해결 능력을 키워 줄 수 있다. 그러나 고차원의 전략이나 정부의 군사정책과 관련된 도덕성 문제는 좀 더 추상적인 사유와 일반적인 윤리 도덕의 원리를 요구한다.

따라서 응용윤리로서 군대윤리는 그 성격상 복잡하고 다양할 수밖에 없다. 이러한 관점에서 우리가 다루려고 하는 군대윤리는 직업군인의 전문 직업윤리와 병사로부터 군사정책결정자에 이르는 다양한 군인의 행위와 관련된 전쟁도덕의 문제로 나누어 볼 수밖에 없다.[5]

5) 이택호, "정보화 사회에 있어서 군대의 핵심 가치관 연구", 육군사관학교, 1999, pp.33~34.

5. 전쟁과 윤리

가. 전쟁도덕으로서의 윤리

군대윤리가 직업군인의 군사적인 기능수행과 관련된 규범을 내포한다고 할 때 군사적 기능이 가장 특징적으로 발휘되는 곳은 무엇보다도 전쟁이라고 할 수 있다.

전쟁 상황에서는 불가피하게 인마살상, 공공건물의 파괴 등 도덕적으로 정당화될 수 없는 행위와 사건들이 발생하게 마련이다. 이런 이유로 전투 중에 군인의 행위가 도덕적으로 정당화될 수 있는가, 과연 전쟁 그 자체는 선인가 악인가 하는 문제가 발생하게 된다.

이러한 문제를 윤리적으로 의미 있게 논의하기 위해서 우리는 인간의 행위와 태도를 정당화하는 기준을 검토할 필요가 있다. 인간의 행위에 관한 도덕적 평가의 기준에 관해서 사람마다 서로 다른 입장을 취한다. 평가의 기준이 다르기 때문에 사람들은 "안방에 가서 시어머니 말을 들으면 시어머니가 옳고, 부엌에 가서 며느리 말을 들으면 며느리 말이 옳다."고 한다. 평가의 기준이나 관점의 차이는 이처럼 행위의 도덕성에 대한 평가를 다르게 한다.

윤리학에서 평가의 절대적 기준으로 간주되는 두 기준은 의무론(Deontology)과 목적론(Teleology)이다.

(1) 의무론적 윤리설

어떤 행위는 그 결과가 나에게 이익이 되는가 손해가 되는가에 따라 정당화되는 것이 아니라 오직 옳기 때문에 하지 않을 수밖에 없는 행위가 있다는 것이다. 예를 들면, 진실을 말하는 행위, 약속을 지키는 행위는 어느 누구에게나 타당한 행위가 된다. 반면에 살인, 거짓말, 절도 등의 행위는 언제나 옳지 못한 행위가 된다. 이러한 입장이 의무론적 윤리설 혹은 법칙론적 윤리설의 도덕적 평가 기준이다.

(2) 목적론적 윤리설

그러나 주어진 목적을 실현하는 수단으로서 취한 행위가 옳은 행위라는 관점이 목적론적 윤리설이다. 사회나 시대의 공동선(善)을 구현하는 수단이 있다면 그 자체의 옳고 그름을 떠나서 정당화된다는 것이다. 예를 들면, 『나무꾼과 선녀의 이야기』에서 노루의 생명을 구하기 위해 나무꾼이 사냥꾼에게 거짓말을 했다면 거짓말을 하는 나무꾼의 행위는 도덕적으로 옳은 행위로서 정당화될 수 있다. 그런데 좋은 목적과 공동선의 내용이 무엇이냐 하는 문제가 하나의 문제로 남는다. 대체로 이러한 입장이 목적론적 윤리설의 도덕적 평가

기준이다.

전쟁 상황에서도 전투원의 행위는 도덕적 문제를 유발한다. "전쟁을 하고 있는 중에는 법이 침묵을 지킨다."는 격언이라든지 "사랑과 전쟁에서는 무엇이든 공정하다(All is fair in love and War)."는 속담은 마치 전쟁 중에 하는 행위는 무엇이든지 정당화된다는 의미를 담고 있다. 그러나 그렇지 않다. 전투 중의 군인의 행위도 도덕적 평가의 기준에 따라 정당성을 가져야 한다.

예를 들어 경비원을 쏘아죽인 은행 강도는 살인자에 해당 되지만, 공격해 오는 적을 사살한 군인은 살인죄를 범한 것은 아니다. 그러나 그 군인이 선량한 민간인이나 부상당해 전의가 없는 군인, 투항하는 군인, 점령지 주민을 마구 쏘아 죽였다면 우리는 주저하지 않고 그를 살인자로 간주하고 비난하게 된다.

이처럼 전쟁에 관한 도덕적 반성은 얼마든지 가능하다. 그리고 전쟁도덕과 관련된 군대윤리는 어디까지나 '목적론적 윤리설'에서 성립되며 그래야 그 의미가 살아난다고 볼 수 있다.

전쟁에 관한 도덕적 반성은 일반적으로 전쟁의 도덕(Morality of War)과 전시도덕(Morality in War)으로 나누어 생각할 수 있다.

나. 전쟁의 도덕(Morality of War)

전쟁의 도덕은 정당한 전쟁과 부당한 전쟁을 구분하는 도덕적 기준을 문제 삼는다. 즉, 전쟁을 하는 그 자체가 옳은 일인가 옳지 못한 일인가를 따져보는 것이다. 전쟁은 군인이 폭력을 사용하여 인마살상, 공공건물의 파괴 등 의무론적 윤리설의 관점에서 보면 옳지 못한 행위들에 의해 수행된다. 이러한 이유로 '칸트'와 같은 도덕적 이상주의자들은 전쟁을 절대 악(絶對惡)으로 보았으며 유학의 왕도정치론도 병자흉기(兵者凶器)라는 개념으로 군대나 전쟁을 필요악으로 간주했다.

비록 폭력과 살상에 호소하는 것이 일반적으로 악으로 간주된다 할지라도 폭력과 살상보다 더 큰 악이 발생된다면 이를 제거하기 위한 수단으로 작은 악을 사용하는 것이 정당화된다는 논리에서 전쟁도덕은 시작된다.

어떤 사람이 자신과 그의 가족을 살해하려는 위급한 상황에 정당방위로서 폭력을 사용하는 것이 용납될 수 있다는 논거에서 전쟁, 즉 폭력의 사용이 정당화된다. 이러한 맥락에서 적의 부당한 공격에 대응하는 방어 전쟁이 정당화되는 것이다. 북한이 남침을 하고도 남쪽의 북침을 운운하는 것은 6·25남침을 방어적 전쟁으로 호도하고 그 행위의 정당성을 찾으려는 속셈에서 나온 것이다.

그렇지만 전쟁을 먼저 일으키는 것이 반드시 정당화될 수 없다고 단정하기는 어렵다. 왜냐하면 도저히 묵과할 수 없는 도덕적 악과 불의를 응징하기 위해 일으킨 전쟁을 부당한 전쟁이라고 평가할 수 없기 때문이다. 인권을 유린당한 동족의 노예생활과 비극을 종식시키기 위해 일으킨 전쟁이라면 또는 부당하게 점령당한 영토를 회복하기 위해 먼저 감행한 군사행동이 반드시 도덕적으로 비난받아야 하는지 의문이 아닐 수 없다. 그러나 보복이나 세력 확장을 시도하고 종족이나 주민을 모두 살육하려고 감행하는 군사행동은 도덕적으로 정당화할 수 없으며 그 의도도 불순하다고 말할 수밖에 없다. 의도를 분명하게 밝혀낸다는 것은 매우 어렵지만 이것은 전쟁수행에 있어서 취하는 수단의 선택과 밀접한 관계가 있다.

이처럼 우리는 전쟁의 도덕성에 관해 많은 논의를 개진할 수 있다.

선동적으로 정당한 전쟁과 부당한 진쟁을 말하는 사람들은 근본적으로 전쟁을 억제하고 평화를 유지하려는 정신을 지니고 있다.

그러면 정당한 전쟁과 부당한 전쟁을 구분하는 기준이 무엇인지를 알아보도록 한다. 일반적으로 전쟁도덕은 전쟁의 불가피성을 정당화하는 7가지 원칙의 문제로 환원된다.

첫 번째 원칙은 정당한 명분(Just Cause)이다.

전쟁을 하는 이유가 타당해야 한다. 예를 들면 무고한 인명의 보호라든지 인권의 보호라든지 무엇인가 현실적이고 확실한 위험에 직면한 경우에 전쟁이 허용된다. 혹은 침해된 주권의 회복과 같은 대의명분이 있어야 전쟁 개입의 정당성이 있다고 본다.

둘째로 합법적 권위의 원칙(Competent Authority)이다.

국가의 통치권을 위임받고 있는 합법적인 당사자에 의해 전쟁선포가 이루어져야 하고 정규군에 의해 전쟁이 수행되어야 한다. 자칭 '해방군, 시민군'이라고 하는 집단이 전쟁을 선포하고 무력을 사용하는 것은 정당화되지 않는다.

셋째 원칙은 비례적 정의의 원칙(Comparative Justice)이다.

살상과 파괴, 굶주림과 죽음 등을 수반하는 무력사용의 결과가 악보다는 선이, 불의보다는 정의가 더 많이 발생되어야 한다.

넷째, 정당한 의도(Right Intention)이다.

전쟁개입의 대의명분 뒤에 숨겨진 의도가 무엇인지 분명해야 하고 또 정당해야 한다. 전쟁종식과 평화유지가 진정한 의도인지 상대방의 종족말살이 목적인지를 분명히 해야 한다.

다섯째, 최후의 수단(Last Resource)이다.

전쟁에서 호소하는 길 외에 별다른 대안이 없어야 한다. 정치적, 외교적 노력 등 문제해

결의 방안을 모색했으나, 전혀 다른 대안이 없을 경우에 한하여 최후의 수단으로 전쟁에 호소하는 것이 정당화 된다.

여섯째, 전쟁의 성공가능성(Probability of Success)이다.

앞에서 제시된 것과 같은 기준에 의하여 전쟁수행이 불가피하다고 해도 추가적으로 전쟁의 성공 가능성을 합리적으로 계산해야 한다. 물론 이 기준을 적용하기가 쉽지 않지만 그 기본정신은 불합리한 무력의 사용이나 희망 없는 저항을 방지하는 것이다.

마지막으로 균형성(Proportionality)이다.

전쟁에서 입은 손해와 비용이 무력사용을 통해 얻는 이익과 조화를 이루어야 한다는 원칙이다. 비록 전투에서 승리할 가능성이 높다 해도 전쟁의 결과가 민족의 전멸, 국가재원의 완전탕진 등을 초래했다면 전쟁에 호소하는 것이 올바른 선택이 되질 못한다. 즉, 전쟁에서 얻을 수 있는 경제적 이해득실과 효율성 여부에 의해 전쟁개입여부를 다시 검토해야 한다.

결국 전쟁의 도덕이 추구하는 것은 호전성이 아니라 오히려 가급적 전쟁을 억제하고 문제를 평화적으로 해결하려는 자세가 전쟁도덕의 기본정신이다. 그러나 군인은 위에서 검토한 정당한 전쟁의 원칙에 의거 내려진 정책 결정자의 전투 명령에 절대 복종하고 가능한 모든 역량을 집중하여 신속하고도 정확하게 임무를 수행하고 전투를 승리를 이끌어야 한다.

다. 전시도덕(Morality in War)

전쟁의 도덕이 전쟁 자체의 정당성과 관련된 문제라면 전시도덕, 즉 전쟁에 있어서의 도덕은 전투 중에 있는 군인의 행위, 전쟁의 수단, 전술, 전략 등의 도덕성과 관련된 문제라고 할 수 있다.

전투행위 자체가 무력으로 인명살상, 건물의 파괴 등을 통해 이루어지기 때문에 의무론적 윤리설의 관점에서 보면 군인은 악과 불의를 자행하는 부도덕한 사람이 될 수 있다. 그러나 군대윤리는 목적론적 관점에서 타당한 응용윤리이기 때문에 전투 중의 군인의 행위는 비례적 정당성을 갖는다.

그럼에도 불구하고 큰 정의의 선을 실현하기 위한 필요악으로서의 무력사용이 불가피하다 하더라도 군인은 인도주의와 아마추어 선수의 공정한 경기 정신과 신사도 정신을 지켜야 한다는 것이 전쟁에 있어서의 도덕의 핵심이다.

이러한 정신은 1984년 8월 12일 제정된 전쟁희생자 보호에 관한 '제네바협약'에 잘 반영되어 있다. "전쟁 중에도 자비를 베풀어야 한다."는 제네바협약의 인도주의 정신은 4개의 협약과 2개의 추가의정서에 담겨 있다. 국제 인도법의 기본 7대원칙은 대략 다음과 같다.

첫째, 전투능력 상실자와 적대행위에 직접 가담하지 아니한 자는 그들의 생명과 육체적, 정신적 보존에 대해서 존중받을 권리가 있다. 그들은 모든 상황에서 차별 없이 보호되고 인도적으로 대우받아야 한다.

둘째, 투항하거나 전투 능력을 상실한 적군을 살상하는 것은 금지되어야 한다.

셋째, 부상자와 환자는 적대행위에 있었던 충돌 당사자에 의해서 수용되고 진료되어야 한다. 의료요원, 시설, 수용기관 및 자재도 보호대상이 된다. 적십자의 표장은 이러한 보호를 위한 표지로서 반드시 존중되어야 한다.

넷째, 포로가 된 전투원과 적대국의 지배하에 있는 민간인들은 그들의 생명, 존엄성, 인권 및 신념에 대하여 존중 받을 권리가 있다. 그들은 일체의 폭력 및 보복 행위로부터 보호된다. 그들은 자신의 가족과 서신을 교환하고 구호품을 받을 권리가 있다.

다섯째, 모든 사람은 기본적인 사법상의 보장을 받을 권리가 있다. 누구나 육체적, 정신적 고문과 체벌 또는 품위를 손상하는 잔혹한 대우를 받아서는 아니 된다.

여섯째, 충돌 당사자와 그 군대의 구성원은 전쟁의 방법 및 수단을 무제한적으로 선택할 수 없다. 불필요한 손실 또는 과도한 고통을 유발하는 성질을 지닌 무기나 전쟁 방법의 사용을 금지한다.

일곱째, 충돌당사자는 어떠한 경우에도 민간인과 그들의 자산을 보호하기 위해 민간인과 전투원을 구별하여야 한다. 민간인이나 개인이 공격목표가 되어서는 아니 된다. 공격의 대상은 오직 군사적 목표물에 국한되어야 한다.

이상의 제네바협약 7대원칙이 지니고 있는 인도주의 정신과 아마추어적 정신이 전쟁에 있어서의 도덕적 근간이 된다. 그러나 전투 중의 군인이 준수해야 하는 전시 인도법의 기본원칙들을 암송하는 것만으로 그 실현이 불가능함을 우리는 전쟁의 역사에서 많이 보아왔다.

지금까지의 논의를 요약하면, 전쟁의 도덕이나, 전시도덕의 문제는 의무론적 윤리설보다는 목적론적 윤리설의 관점에서 볼 때 설득력이 있다는 것이다. 그리고 전쟁의 도덕은 전쟁을 일으키는 것 자체의 정당성을 따지는 도덕적 논의가 핵심이고, 그 정신은 전쟁의 방지와 평화의 유지에 있다. 반면 전시도덕은 비록 군인이 폭력의 수단을 통하여 전투를 하지만 제네바협약의 전시 인도법에 따라 "전쟁 중에도 자비를 베푼다."는 정신을 강조한다.

제2차 세계대전 후 '맥아더' 장군은 일본군의 '도마야키 야미시다' 장군에 대한 사형선

고에 서명하면서 "군인은 그가 우군이건, 적군이건 간에 약하고 무장하지 않은 사람을 보호할 책임이 있다. 이것은 군인의 존재 이유이며 본질이다. 이러한 믿음이 사라지면 군인의 모든 명예와 신성함이 더럽혀질 뿐만 아니라, 국제사회의 구조가 위협받게 된다."라고 말했다.

이 말이 전쟁에 있어서의 도덕의 핵심이다. '야마시타'에 대한 사형선고는 그가 그 휘하에 있는 장병들이 민간인과 포로들을 악랄하게 학살하는 것을 통제하지 못했다는 데 근거를 두고 있다. 그가 그 학살을 명령했다는 사실이 증명되지 않았음에도 불구하고는 그는 사형을 선고 받았다.

지금 이 순간에도 세계의 도처에서 전쟁을 하고 있거나 전쟁의 위협이 도사리고 있다. 인간의 진보와 완전성을 믿는 사람들은 미래 언젠가는 이성이 지배하고 모든 국제적인 분쟁이 비폭력적인 수단들에 의해서 해결될 것이라는 희망을 계속 갖고 있다. 이런 일들이 일어날 때까지 그래도 우리는 전쟁에 관련된 도덕적인 문제들을 계속 탐구해야 한다.

6. 군 간부의 직업윤리 확립의 중요성

"비윤리적인 법관은 최악의 경우 소수의 사람들의 생명을 해칠지 모른다. 비윤리적인 의사는 최악의 경우 소수의 사람들을 죽게 할지 모른다. 그러나 비윤리적인 군인은 수많은 사람들을 죽게 하고 국가를 위태롭게까지 하며 인류문명까지도 위험할지 모른다."는 주장은 군인, 특히 군 간부의 비윤리적인 행위가 미치는 해악의 범위와 정도의 심각성을 들어 직업윤리관 확립의 중요성을 아주 간명하게 표현하고 있다.

이러한 관점에서 군 간부가 지켜야 할 군사전문 직업윤리를 정의하면 "군사전문 직업윤리란 무력을 관리하는 군사전문 직업인이 군 조직의 목표달성을 위해 반드시 행하거나 지켜야 할 도리이며 군 규범을 가장 바람직한 방향으로 적용하기 위하여 옳고 그른 것을 판단하여 실천하는 것"이라고 할 수 있을 것이다.

군의 성공적인 임무수행이 윤리도덕과 무관할 수 없다는 점을 생각할 때 군 간부의 직업윤리 확립의 중요성은 다음과 같은 측면에서 강조될 수 있을 것이다.

첫째, 국가적인 입장에서 볼 때 군의 궁극적인 책임은 국민의 생명과 재산보호를 위해 인원, 장비, 물자, 시설 등을 효율적으로 관리 및 활용하여 국가를 방위하는데 있다.

따라서 외부의 침략이나 간섭 또는 강제나 강압으로부터 군인이 국민, 국토, 재산, 기본적 가치, 그리고 고유한 생활 방식을 지켜 줄 것이라는 기대에서 국가는 막대한 인력과 돈과 물자를 제공하고 있는 것이다. 이와 같은 기대로부터 군인, 군인의 직업적 책임, 그리고 충성에 대한 정의가 도출된다는 것을 군 간부는 항상 염두에 두어야 한다.

둘째, 군 조직의 입장에서 볼 때 임무완수에 요구되는 윤리적 행위 기준을 제시해 준다는 것이다. 즉 군인들의 행동을 지도할 수 있는 명시된 규범과 가치를, 그리고 군인들에게 그들이 군의 일상 업무를 수행하는데 요구되는 목적과 방향을 명확히 제공해 준다. 또한 도덕심에 기반을 둔 판단과 결심은 부하로부터 신뢰와 존경을 획득하고, 부대단결 사기증진 및 군기유지를 증진시킨다. 이 외에도 군에 새로 들어오는 사람들의 사회화에 기여하고, 직업적 자부심과 자율성을 길러주며, 군이 외부사회로부터 신뢰를 보다 더 받을 수 있게 해준다.

셋째, 군인 개개인의 입장에서 볼 때, 군 직업윤리관 확립은 군인 상호간의 원만한 인간관계를 유지시켜 준다는 점이다. 군대에서 인간관계는 생명의 문제와 직결되기 때문에 일반 기업에서보다 매우 중요하다. 전장에서 죽음을 불사하고 뛰어드는 행위와 위험이 난무하는 전장을 이탈하려는 행위는 지휘관과 부하간부 또는 지휘관과 병사 간에 맺어진 인간관계에서 결정된다고 할 수 있다.

7. 군내윤리 교육의 필요성

1990년대부터 지금까지 보도된 군 관련 부정 및 비리사건은 일일이 헤아리기가 부끄러울 정도로 많았다. 군내 사조직파문, 장교의 은행 강도, 진급관련 각종 부조리, 성 군기문란사고, 율곡사업 관련 비리사건, 최근 발생한 전대미문의 초급장교의 사기금융사건 등 이들 사건들은 그 동안 군의 도덕성이 얼마나 실추되었는지를 적나라하게 보여주는 부끄러운 일이었다.

군의 도덕성의 타락이 가져온 국가의 파멸은 역사 속에서 많은 사례를 찾아볼 수 있다. 그 중 대표적인 사례로 미군이 그 많은 물자를 투입하였지만 월남전에서 패한 사례를 들 수 있다. 월남전 수행과정에서 드러난 미국군대의 도덕적 부패는 참담한 것이었다. 미국군대의 윤리 재건을 주창한 'Richard Gabriel' 교수는 미국군대의 위기상황은 군대 내 팽창하고 있는 장교들의 그릇된 사고와 복무 자세에 중요한 문제점이 있다고 다음과 같이 언급하였다.

첫째, 결과주의가 장교들의 의식 속에 팽배하고 있다는 점이다. 즉, "결과만 좋으면 모든 것은 다 좋다. 성공보다 중요한 것은 없다. 성공에 대신할 것은 아무것도 없다."는 사고다.

둘째, 충성 병이다. 자신의 이해관계를 좇아 상관 개인에 대한 과잉 충성 형태로 나타난다. 여기에는 상관의 어리석고 비윤리적인 명령 등이 문제가 되지 않는다.

셋째, 과잉 이미지주의다. 자기부대의 약점을 노출시키지 않기 위해 사실을 숨기고, 진실을 왜곡하는 경향이 많다.

마지막으로, 출세주의다. 상업적 출세주의가 일부 장교들에게 오염되고 있다.

가브리엘 교수는 장교들의 이와 같은 비윤리적 사고와 근무자세가 오늘의 미국군대 위기상황을 유도한 중요한 요인의 하나로 작용하였다고 분석하고 있다. 군대윤리 교육의 필요성을 강조한 것이다.

이러한 역사적 배경을 바탕으로 미군 당국은 군대윤리에 깊은 관심을 갖고 연구하였으며, 80년대 초부터는 연구된 결과를 윤리와 전문 직업주의라는 과목으로 명명하여 군사교육의 모든 과정에 포함시켰다. 또한 한국군에서도 모든 군 간부의 양성 및 보수과정 교육뿐만 아니라 부대 교육훈련과정에 군대윤리교육을 필수적으로 포함하여 실시함으로써 정신전력강화를 통한 전투력 극대화를 달성하도록 노력하고 있다.

참고문헌

육군본부(2018), 야전교범 「제식」

육군본부(2017), 육군규정120(병영생활)

육군본부(2017), 육군규정122(의식규정)

육군본부(2017), 육군규정123(복제규정)

육군부사관학교(2018), 올바른 군인기본자세 가이드북

육군본부(2015), 야전교범 「병기본」, 제식훈련

육군 3사관학교(2018), 기본교재 「제식」

국방부(2017), 군대윤리

국방연구원((2016), 직업군인 윤리 연구

국민윤리학회(2015), 국민윤리

정신전력학교(2014), 군대윤리

한국정신문화연구원(2015), 직업과 윤리

육군사관학교(2014), 새국민윤리

육군사관학교(2014), 한국의 군인상

김성우(2014), 국가관과 군대윤리

김용현(2006), 군대윤리

이진혁(2016), 인성과 군대윤리

한만민 외(2017), 군 초급간부를 위한 군대윤리

김진만 외(2013), 군대와 윤리

이민수(2001), 위대한 군인정신

이관춘(2000), 직업은 직업이고 윤리는 윤리인가

김준기(2001), 글로벌 시대의 직업윤리

김석길 외(2002), 인성교육 병사용 프로그램

저자소개

▮ 남 기 봉

육군사관학교 36기 졸업

육군 보병 대령 예편

현, 연성대학교 군사학과 전임교수

저서 : 북한학 외 7권

▮ 정 재 극

학군 28기 임관

육군 보병 중령 예편

한남대학교 대학원 법학과 박사

현, 연성대학교 군사학과 전임교수

저서 : 부사관 역할과 실무 외 5권

▮ 신 상 우

육군3사관학교 25기 졸업

육군 보병 중령 예편

현, 연성대학교 군사학과 초빙교수

저서 : 지휘상담 외 3권